住房和城乡建设部"十四五"规划教材
高等学校智慧建筑与建造专业系列教材

智慧城市概论

Introduction
To Smart City

夏海山　徐　然　著

中国建筑工业出版社

出版说明

党和国家高度重视教材建设。2016 年，中办国办印发了《关于加强和改进新形势下大中小学教材建设的意见》，提出要健全国家教材制度。2019 年 12 月，教育部牵头制定了《普通高等学校教材管理办法》和《职业院校教材管理办法》，旨在全面加强党的领导，切实提高教材建设的科学化水平，打造精品教材。住房和城乡建设部历来重视土建类学科专业教材建设，从"九五"开始组织部级规划教材立项工作，经过近 30 年的不断建设，规划教材提升了住房和城乡建设行业教材质量和认可度，出版了一系列精品教材，有效促进了行业部门引导专业教育，推动了行业高质量发展。

为进一步加强高等教育、职业教育住房和城乡建设领域学科专业教材建设工作，提高住房和城乡建设行业人才培养质量，2020 年 12 月，住房和城乡建设部办公厅印发《关于申报高等教育职业教育住房和城乡建设领域学科专业"十四五"规划教材的通知》（建办人函〔2020〕656 号），开展了住房和城乡建设部"十四五"规划教材选题的申报工作。经过专家评审和部人事司审核，512 项选题列入住房和城乡建设领域学科专业"十四五"规划教材（简称规划教材）。2021 年 9 月，住房和城乡建设部印发了《高等教育职业教育住房和城乡建设领域学科专业"十四五"规划教材选题的通知》（建人函〔2021〕36 号）。为做好"十四五"规划教材的编写、审核、出版等工作，《通知》要求：（1）规划教材的编著者应依据《住房和城乡建设领域学科专业"十四五"规划教材申请书》（简称《申请书》）中的立项目标、申报依据、工作安排及进度，按时编写出高质量的教材；（2）规划教材编著者所在单位应履行《申请书》中的学校保证计划实施的主要条件，支持编著者按计划完成书稿编写工作；（3）高等学校土建类专业课程教材与教学资源专家委员会、全国住房和城乡建设职业教育教学指导委员会、住房和城乡建设部中等职业教育专业指导委员会应做好规划教材的指导、协调和审稿等工作，保证编写质量；（4）规划教材出版单位应积极配合，做好编辑、出版、发行等工作；（5）规划教材封面和书脊应标注"住房和城乡建设部'十四五'规划教材"字样和统一标识；（6）规划教材应在"十四五"期间完成出版，逾期不能完成的，不再作为《住房和城乡建设领域学科专业"十四五"规划教材》。

住房和城乡建设领域学科专业"十四五"规划教材的特点：一是重点以修订教育部、住房和城乡建设部"十二五""十三五"规划教材为主；二是严格按照专业标准规范要求编写，体现新发展理念；三是系列教材具有明显特点，满足不同层次和类型的学校专业教学要求；四是配备了数字资源，适应现代化教学的要求。规划教材的出版凝聚了作者、主审及编辑的心血，得到了有关院校、出版单位的大力支持，教材建设管理过程有严格保障。希望广大院校及各专业师生在选用、使用过程中，对规划教材的编写、出版质量进行反馈，以促进规划教材建设质量不断提高。

住房和城乡建设部"十四五"规划教材办公室

2021 年 11 月

前　言

　　所谓"概论"，通常是指对某事的通盘考虑或概括的论述，因此简明扼要，概括性和全面性是其特点。针对智慧城市的讲授具有理念新、技术新、概念多、内容多的特点，本书的撰写遵循以下原则：

　　1. 视角清晰、线索明确。从规划与设计的视角认识理解智慧城市，强调智慧城市是一种发展模式，而非技术本身。从理念上智慧城市更注重人的主动性和能动性；从技术上更注重ICT 技术支撑的信息传递与人的互动。因此，以使用者的体验为核心线索，统筹各种关于智慧城市的观念与认识，强调技术服务于人，以城市中人的幸福感为智慧城市的终极目标。

　　2. 激发想象，鼓励思考。信息时代以技术快速更迭为特征，未来城市充满未知与期待，最需要使用者的思考与想象。因此，本书每章首设置导读问题，每章后设置思考问题，希望读者作为主动的探索者而非被动的接受者去学习智慧城市，希望本书能够引发读者作为使用者和创造者去思考与想象。

　　3. 形式轻松，易学易懂。智慧城市理应是人性而温馨的，同时也是探索与创新的，本书形式轻松活泼，采用插画、图表、导图以及小案例等形式，既满足数字时代读者获取信息的习惯和需求，又轻松易懂。

　　4. 数字资源，智慧学习。本书依托中国建筑工业出版社的"建工书院"教育平台，每篇后面设置二维码，可以扫码进入《智慧城市概论》教材的网络拓展资源，能够获得更丰富的、不断更新补充的相关内容学习资料。

　　本书的结构组织从理论观念、技术方法与实践案例三个层面按照三篇展开，每篇由三章组成，不同层面所关注的问题不同，同时又围绕以人为主体的智慧思想，倡导"大智运于形，中智行于策，小智精于术"的逻辑主线展开。

　　第 1 篇智慧城市理论，包括智慧城市概述、人与智慧城市、智慧城市评价标准体系三章内容；

　　第 2 篇智慧城市技术，包括智慧城市总体技术架构、智慧城市技术架构的关键技术、智慧城市应用活化三章内容。

　　第 3 篇智慧城市实践，包括智慧城市规划与设计、智慧城市的运维管理及评价、智慧城市的"样板"及其特色三章内容。

　　本书同时也是在三位研究生的协助下完成的：赵伟、赵一锰参加了本书的文献资料整理及图表编排工作，郝潇漫参加了版面设计及插图绘制工作，在此也特别感谢他们的辛勤付出。

目 录

第 **1** 篇

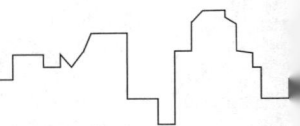

智慧城市理论

第 1 章 智慧城市概述

> ● **导读问题** ●
>
> 1. 智慧城市的核心理念与目标是什么？
> 2. 智慧与智能相同与不同之处在哪里？

1.1 智慧城市概念的发展历史

在技术革命推动人类社会、生活发展的同时，城市也在承受着各类资源容量日趋紧张的桎梏。传统城市发展模式主要以粗放型资源利用的模式支撑城市发展，使得我们不得不面临资源日趋减少、城市功能提升潜力不足的问题（图 1-1）。在此背景下，美国规划协会于 2000 年创建了"美国精明增长联盟（Smart Growth America）"，并提出"精明增长"的概念。"智慧地球（Smarter Planet）"与"智慧城市"（Smart City）这两个概念于 2009 年相继出现，并得到政府、学者及公众的普遍关注。

2009 年以后，国际上一些企业积极推动"智慧城市"概念的发展，并延伸发展到城市建设、管理与运行的方方面面，借着信息时代的东风从技术与市场的层面大力推进"智慧城市"，各地政府也积极响应，将"智慧城市"作为城市未来的发展目标。在我国，住房和城乡建设部于 2012 年 12 月正式发布了"关于开展国家智慧城市试点工作的通知"，并印发了《国家智慧城市试点暂行管理办法》和《国家智慧城市（区、镇）试点指标体系（试行）》两个文件。2013 年 1 月批准首批国家智慧城市试点 90 个，8 月又批准了 103 个。从此，智慧城市的探索工作在我国广泛开展，并取得了一定的经验，也有一些教训需要总结。

关于"智慧城市"概念的认知，在理论研究上，存在两种不同的脉络（图

图 1-1 当今城市所面临的问题与挑战

1-2）：

第一，强调城市文化、知识和生活等的共享精神，将城市看作智慧共鸣的"管道"和知识创新的"孵化器"。这一脉络主要出现在 ICT 技术应用仍未普遍的情况下，偏重于知识经济、城市竞争力领域的理论研究。研究通常将"智慧城市"作为包含一般意义上所有现代城市生产因素的决策框架，包含一般框架下的现代城市生产因素，同时强调科学技术、社会资本及环境资本对提升城市竞争力的重要作用。

第二，强调不断发展的 ICT 技术将为城市大系统的智慧化运行提供可能。此脉络理论研究认为，"智慧城市"是伴随着物联网、移动互联网等技术演进而产生的数字城市或信息城市。大多数此类研究通常偏重于构建"智慧城市"所依赖的技术集成，从而应用于城市各子系统，以此推动城市的"智慧化"。

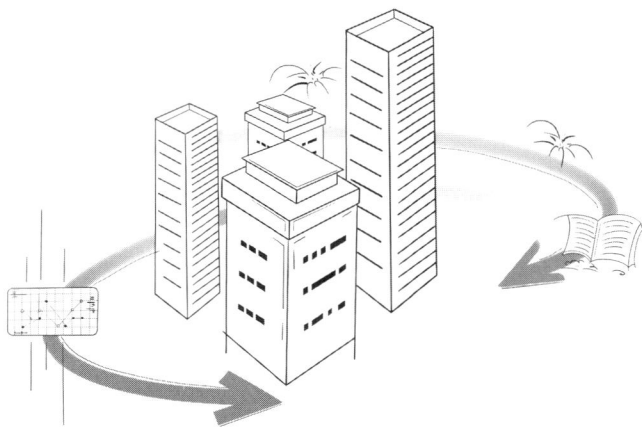

图 1-2　关于智慧城市的两大脉络：一个强调人文、一个强调技术。对于智慧城市内涵的全面认识需要将两者有机结合

1.2　智慧城市的定义、理念与目标

上文提到了从研究上关于"智慧城市"概念的两大脉络各有所侧重，一个强调利用人文智慧推动城市竞争力，另一个强调利用 ICT 技术对城市资源进行优化配置。将两者进行有机结合可以形成对"智慧城市"更加全面的认识——智慧城市是以知识经济、资源集约配置为目标，将人文与技术相结合，从而达到由城市居民与 ICT 技术共同组成的"智慧"，用于指导城市具有可持续发展的建设模式。换句话说，智慧城市是指

城市居民利用人文智慧、先进的科学技术和创新思想等，整合城市的系统和服务，以达到提升资源运用的效率，优化城市管理和服务，以及改善市民生活质量的目的。其中，ICT 技术为云计算、大数据、传感器、人工智能、物联网、区块链等新一代信息通信技术的统称，其核心是人与人、人与物、物与物之间信息的交融通达，体现的是信息时代大交通（Communication）的文化概念。人们可以在其帮助下，将人、经济、交通、通信、水和能源等城市的各个核心系统整合，从而使整个城市作为一个有机的系统，以更为智慧的方式运行。

因此，从理念上，智慧城市本质是一种方式，而不仅在于技术。建设智慧城市，也是转变城市发展方式、提升城市发展质量的客观要求，为传统的城市发展和建设模式带来了新的思路和途径。智慧城市的建设充分发挥人的主动性，同时利用物联网、云计算、大数据等智能科学新兴技术手段，对城市生产生活中产生的相关活动需求，进行智慧感知、互联、处理和协调，为市民提供美好的生活和工作环境，为企业创造可持续发展的商业环境，为政府构建高效的城市运营管理环境，使城市成为一个和谐运行的新智慧生态系统。建设智慧城市，能够及时传递、整合、交流和利用城市经济、文化、公共资源、管理服务、市民生活、生态环境等各类信息，促进物与物、物与人、人与人的相互联系、全面感知和运用信息能力（图 1-3），使得政府管理和服务能力得到大幅度提升，人民的物质生活与精神文明也得到了极大的改善。智慧城市的建设，会让城市发展更全面、协调、可持续，更会让人们生活更加健康、和谐、美好。

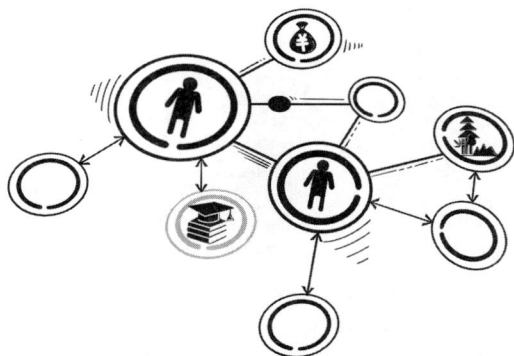

图 1-3　万物互联的世界

◈ **"智慧城市"是"人"的智慧还是"技术"的智慧？** ────────●

　　在中国抗击新冠疫情过程中，技术的智慧和人的智慧都发挥了极为重要的作用。其中，技术智慧包括研发新型疫苗和药物、建立智能化防控系统等，而人的智慧则包括政府的领导力、医务工作者的专业能力、民众的自我保护意识和配合精神等方面，最终获取智慧力量需要二者相互配合、缺一不可。

　　在技术智慧方面，上海市的防疫人员结合各种先进的信息通信技术，追溯或实时监测人员流动情况，这些信息对于及时发现疫情传播的风险起到了关键作用。北京采用了包括人脸识别、健康码在内的多项智慧城市技术，有效地提高了疫情防控的效率和精度。而香港则采用了电子健康证明、推广远程医疗等先进的防疫手段。但是，这些技术只是工具，是人的智慧的延伸。有些城市能够将这些"工具"与灵活的、人性化的政策措施结合，使人民群众的支持度和接受度也相应地提高。例如，根据街道社区的管理经验并结合医务人员的医学防控专业知识来确定小区的封控时长、加强医院的隔离措施、宣传教育市民戴口罩和勤洗手、采取严格的社交距离措施等。相反，如果对技术过于依赖，且僵硬粗暴地采取"一刀切"的防疫方式，不但劳民伤财、社会公众接受程度低，同时还会挤压政策可持续执行的空间。

　　因此，智慧城市的本质是服务该城市中人的"智慧"的体现，而非仅仅是技术先进程度的体现。服务城市的人如果不"智慧"，建设再多的智慧管理系统，安装再多的智慧设备，还是无法让其智慧力量得到有效地发挥，从而无法真正实现人民生活品质实质性的提高。

1.3　智慧城市内涵和外延

　　对于智慧城市概念及内涵，不同专业、不同行业的解读也经常各有侧重，表1-1列举了不同学科对于智慧城市的主要观点和理念。

不同专业视角的人对智慧城市的不同理解　　　　　　　　　表1-1

学科	主要观点	相关理念
工程学	信息网络的基础设施无处不在，特别是数字基础设施和通信设施	数字城市（Digital city） 无处不在的城市（Ubiquitous city） 互联城市（Wired city）

学科	主要观点	相关理念
经济学	由商业主导城市经济发展，主要得益于（私人）企业和商业的智能化	创业型城市（Entrepreneurial city） 智能城市（Intelligent city）
创新经济学	城市发展专注于高科技和创意（艺术和设计）产业（智能专业化，即智能技术的专业化）	创新城市（Innovative city） 精明增长城市（Smart growth city） 创意城市（Creative city）
公共管理	益于 ICT 技术的城市治理方式创新（如电子政务）	学习型城市（Learning city） 知识型城市（Knowledge city）
社会学、建筑学、城乡规划学	得益于 ICT 技术的社区建设（和共享）	共享城市（Sharing cities）
人类生态学	城市是一个基于人类和生态价值观的集体生活场所，这个城市由于 ICT 技术的存在而在某种程度上得到了改善	人文城市（Humane city） 可持续城市（Sustainable city）

　　智慧不仅仅是智能，智慧城市与智能城市相比，包括了更多人的智慧参与、以人为本、可持续发展等内涵。早期一些 IT 企业推动下关于智慧城市的概念，更强调依赖于物联网与互联网信息技术，从某种程度上让人混淆了智能与智慧的概念。对于智慧城市，主要存在两种取向：①基于技术与设备的智慧城市；②以人为中心的智慧城市更强调人的发展与创造能力——人是智慧的生产者，也是智慧产品的消费者——此取向也与建筑类专业对于城市的关注重点更加契合。

　　因此，智慧城市的内涵，是一种过程概念，而非结果概念；是基于人的主动作用导向，而非技术决定导向，智慧城市的建设不完全取决于技术的高低。对智慧城市的设计是一系列过程的设计与整合，它区别于传统城市的规划设计，是自内而外地创造城市，更强调基于使用者的城市内在性，而非仅仅是物质层面的空间形态或技术系统（图 1-4）。

　　理解智慧城市的内涵可以从三个层面来认识，归纳总结为"大智运于形，中智行于策，小智精于术"（图 1-5）。

　　（1）大智慧——观念与思维层面

　　即运用现有条件，遵循城市内在的联系，尊重规律，在天时、地利、人和的基础上，顺应自然，让城市发展汲取自身所需要的"营养"、"水分"、"阳光"，让城市自内而外如花朵般自然地绽放。智慧城市规划和智慧理念、智慧建设和智慧运营得到了有机整合。

　　（2）中智慧——规划与管理层面

　　即拥有完善的决策机制、信息共享、公众参与机制等；依托教育水平提高、低碳

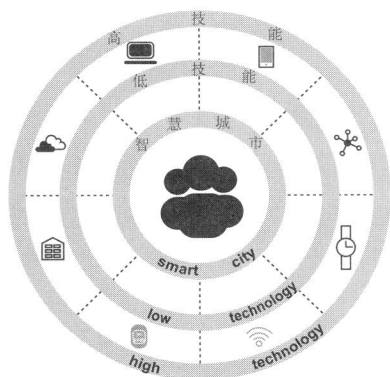

图1-4　智慧城市是以人为核心的，不取决于技术的高与低

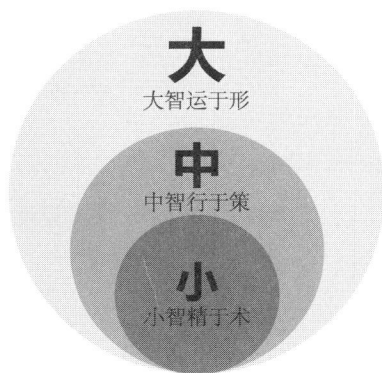

图1-5　智慧城市内涵的三个层面

生活方式、城市功能和空间规划；培育功能关系良好、适应本土环境的优质循环产业、经济、教育、交通、能源、管理体系；制定合情合理、真正可操作的管理政策和实施制度。

（3）小智慧——材料与技术层面

即依托高效适用的 ICT 技术、低碳环保的工程材料、绿色创新的技术体系等新的材料与技术，及其应用和创新模式，对城市进行规划和管理。

总而言之，智慧城市以人为核心、以城市物质资源为基础、以 ICT 技术为手段，依托 ICT 对城市的各个子系统进行感测、分析、整合，对涉及民生、环保、公共安全、城市服务、工商业活动在内的各种需求作出智能响应，通过各种先进的技术，实现城市智慧式管理和运营，让城市管理和服务部门更加深刻地理解城市中的人、事、物，进而为城市中的人创造更美好的生活，促进城市的和谐、可持续发展。

1.4　智慧城市的特征

智慧城市有五个主要的特征，即思维创新、深度互联、资源共享、绿色发展、协同应用（图1-6）。

图1-6　智慧城市的五大特征

● **思维创新**

面对广泛覆盖的信息感知网络和各个信息要素之间强大的交互作用能力，人们需要自觉地、主动地运用与信息化、网络化、智能化的高新技术相匹配的新时代思维去服务城市及其市民。例如，利用手机应用等平台，将社区居民也纳入管理主体，形成"多元共治"的新局面；通过各式健康码、胶囊诊所等，实现自下而上、以患者为中心、预防保健为主的公共健康管理模式等。

● **深度互联**

梅特卡夫法则（Metcalfe's Law）指出，网络的价值与网络节点数量的平方成正比。在智慧城市中，多个分隔独立的小网（固定电话网、互联网、移动通信网、传感网、工业以太网等）有效链接成互联互通的大网，可以大大增加信息资源的一体化和立体化，提升了网络对全体成员的价值，让网络整体增值，同时也增强了对更多要素的吸引力，从而实现智慧城市的节点扩展和信息价值的良性互动。

● **资源共享**

在传统城市中，各种产业、部门、主体之间存在着各种界限和障碍，各种资源以分散的形式进行组织。智慧城市"协同共享"旨在突破传统的障碍，构建一个统一的资源体系，避免"资源孤岛"和"应用孤岛"。例如，打破楼宇能耗控制系统与市政供水、供电系统之间的数据堡垒，形成能源供求一体化管理。

● **绿色发展**

与过去相比，如今有强大的ICT技术为人类赋能，实现统筹整合政府、社会、市场等多元主体的力量，发挥出各自的优势特点，实现社会服务的整体性和协同性。例如，建设"统一底图、统一标准、统一规划、统一平台"，推进自然资源三维立体"一张图"和国土空间基础信息平台建设，从而更有机地实现人与自然的和谐发展。

● **协同应用**

智能处理并不是信息使用过程的终结，在智慧城市中，还需要注重"信息共用、功能通用、项目应用"的原则，从而形成多元主体协商合作的协同互动机制。例如，城市管理部门通过搭建开放式的交通信息应用平台，使个人、企业等个体为智慧城市交通系统贡献出行数据信息，使各方个体间能通过该系统进行信息交互，完成信息的完整增值利用，从而使得出行系统得到质量上的提升。

这些新特征要求需要对智慧城市进行谨慎、全面的顶层设计，即针对智慧城市的架构，从全局的视角和公众利益出发，对各个方面、各个层次、各种参与力量、各种正面的促进因素和负面的限制因素进行统筹考虑和设计。与智慧城市的规划更强调宏观性、原则性和前瞻性有所不同,顶层设计是以智慧城市为导向和目标的城市顶层设计,更加强调系统化、清晰化、可操控（详见本书第 7 章）。

1.5　智慧城市的范畴

智慧城市中所包含的范畴及它们之间的关系如图 1-7 所示。其中,智慧居民是智慧城市的核心。也就是说,市民不仅需要拥有操作智慧应用的能力,更要有与时代和大环境相匹配的人文素质。图中的 ICT 不仅代表先进的信息通信技术,也代表着大交通时代中,人与人、人与物、物与物之间信息的交融通达。产业、出行、环境和生活在 ICT 技术和理念的基础之上,被赋予智慧的特征,从而达到提升市民生活质量和幸福感的目的。

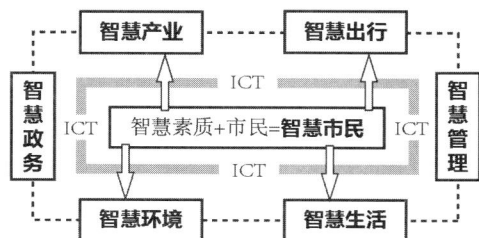

图 1-7　智慧城市模型的六个范畴

● 在智慧产业方面,世界各国都非常注重智慧产业的培育和发展,并且从国家层面上制定了智慧产业的战略政策。

例如,德国于 2011 年提出了"工业 4.0"的概念,其目标是在 2025 年时,在"工业 4.0"相关产业方面成为世界领先的技术供应方;中国于 2015 年提出了"中国制造 2025"战略,期待中国制造业在 2025 年迈入制造强国行列,在 2035 年中国制造业整体达到世界强国中等水平,在 2045 年中国制造业综合实力迈入世界制造强国前列。按照新老产业之间的融合程度,可将智慧产业分为新兴产业、提升后的传统产业和战略性新兴产业。新兴产业包括例如大数据、物联网、云计算、区块链等;通过上述新兴产业的改造、提升与融合而达到自主性提升的传统产业,包括教育、卫生等;通过对新兴和传统产业的融合创新而孕育出的战略性新兴业态包括例如近年来新兴的智能网联汽车（ICT+汽车）、智能机器人（ICT+机械）、医疗影像辅助诊断系统（计算机视觉 + 医疗）等。

● 在智慧出行方面,目前的发展方向是把现代的交通理论与多种高科技结合起来,以完善的道路基础设施为依托,对交通信息进行智能采集和处理,并将其实时反馈给系统的操作员或驾驶员,他们借由即时处理后的交通信息,快速做出响应,以平衡交通资源、改善交通状况、优化出行体验和提升运输质量,从而达到"人—车—路—空"之间的和谐智慧发展。

● 在智慧环境方面，环境与资源治理可以依托先进感知工具，全方位采集、全程跟踪，及时综合展现环境数据，提升环境监管能力，实现保护环境、减轻环境污染、对资源进行监控和调配的目的。

例如，可以将装有激光雷达检测技术的大气污染检测设备安装在小区楼顶上，对方圆 5km 内的空气质量进行 360° 的水平扫描，之后将所收集的数据分区域、分时段进行分析，从而实现对环境的精细化管理。另外，我国于 2021 年发布了《2030 年前碳达峰行动方案》，确定以碳排放量为指标，衡量行业对环境的影响。碳排放统计监测系统是碳排放权交易作为碳达峰行动的支撑体系中对数据控制的关键环节，其核心是二氧化碳的核算，包括二氧化碳的直接排放和间接排放。直接排放即排放源直接排放出二氧化碳，而间接排放则指使用外购的电力和热力等所导致的温室气体排放，只能通过计算得到，因此需要更加复杂多样的智能仪器仪表进行配合才得以实现。

● 在智慧生活方面，通过 ICT 技术的赋能，城市居民生活方式得以改善，生活范式得以改变，它涉及居民生活的方方面面。

以智慧健康为例，它不仅仅意味着穿戴各类先进的智能设备，更重要的是能够实现埃里克·托普在《未来医疗》（*THE PATIENT WILL SEE YOU NOW*）这本书里所倡导的"医疗民主化"——即每个没有受过专业医学教育的普通人，也可以时刻对自己的身体进行多项体格检查，并且利用智能分析了解这些数据背后所蕴含的意义，从而培养出学会自主管理自己身体健康的患者群体，使得医疗模式变成了以患者为中心、患者主动参与、医生协助指导的一种医患双边合作的模式，最终让医疗服务突破医院高墙的禁锢，让每个人都能享受到高效便捷的医疗服务。

● 无论是智慧管理还是智慧政务，本质上都是通过智慧的感知、集成、分析、处理、决策，以更精细和动态的方式提升部门、企业、城市，甚至国家的运行管理水平、行政效能和服务能力。在多元化治理的情境下，管理方式也由传统的"被动服务"向"主动响应"转变，通过利用先进的 ICT 技术，为市民提供及时、互动、高效、个性化的管理与服务。

例如，国家政务服务平台下的地方政府服务窗口，已经成为各地方线上线下政务服务的标配。以苏州市的"苏州市政务服务旗舰店"为例，其中的"生命周期一件事"服务板块中的个人部分包含了从出生，到入学、就业、婚育、退休，直至后事方面的政务服务信息。而"苏周到"的手机 App，更是将老百姓日常关心的个人业务，例如公共交通、健康码、上学、五险一金、购票、停车等日常业务融到一个触手可及的平台，真正地将电子政务做成了为老百姓提供一键式贴心服务的"电子管家"。

1.6 智慧城市的建设体系

智慧城市需要从不同的角度进行建设，这包括智慧城市基础要素体系、智慧城市运行管理体系、智慧城市公共服务体系、智慧城市技术支撑体系、智慧城市法律保障体系、智慧城市评估体系六个方面（图1-8）。

图1-8 智慧城市的建设体系包括六个方面

智慧城市基础要素体系是智慧城市运行与发展的基础，通过赋予城市资源要素的智慧化，形成城市运行的各个流程与功能要素的高效便捷与创新协调。

智慧城市运行管理体系是城市综合调控管理的中心枢纽，在城市资源要素体系高效运作的基础上，使城市资源要素能够汇聚、感知，实现城市运行的智慧化分析与调控。

智慧城市公共服务体系是由公众与企业共同参与、以满足城市主体需求为目标的全社会综合服务体系。

智慧城市技术支撑体系是实现城市资源要素、城市服务体系、城市运行管理体系智慧化的各类先进技术支撑体系。

智慧城市法律保障体系是智慧城市运行、管理、服务的规范与法律准则。

智慧城市评估体系是依据一定的标准引导整个城市向以人为本、汇人之慧、赋物以智、经济社会活动最优化发展的保障。

智慧城市的建设虽然系统复杂、内容多元，最终落实成形的依然是有形的城市，是城市居民赖以生存的物质环境，因此，建筑设计与城市规划依然是智慧城市无法回避的着眼点与落脚点，城市的格局和定位决定城市自己的智慧之路。

延伸思考：

智慧城市相对传统城市的建设模式，有哪些新的内涵？

第2章　人与智慧城市

● **导读问题** ●

1. ICT 技术对于城市的提升，可分为哪两个方面？

2. 智慧市民需要拥有什么样的素质？

——幸福感与幸福城市

第 1 章提到智慧城市需要将人文与技术相结合，才能够让市民与 ICT 技术共同创造出"智慧"的城市。如今，物联网、云计算、决策分析优化等 ICT 技术，通过感知化、物联化、智能化的方式，为城市装上网络神经系统，使之成为一个可以实时反应、指挥决策、协调运作的有机系统。然而，"技术"仅仅是智慧城市的"外表"。拥有 ICT 全副装备的城市，等同于幸福城市吗？生活在智慧城市的市民，必定拥有幸福感吗？

在这个新兴科学技术高速发展的时期，人们的幸福感增加了吗？科技是否确实让城市变得更加美好？

2.1　市民幸福感与智慧城市

城市的核心就是为市民提供生活、工作和学习的场所。智慧城市包括智慧产业、智慧出行、智慧环境、智慧市民、智慧生活和智慧管理六个范畴。"控""行""养""居""业"为反映市民对于该城市满意度的五个指标（图 2-1）。

——时代变迁与"新型"幸福感

近十年来，在各种新兴 ICT 技术和新冠疫情常态化的依托下，社会大背景发生了以下的变化：

第一，市民的工作和生活方式、甚至是关于时间和空间的概念都在很大程度上被改变了。很多市民成为新型经济、社会以及社区组织里的成员

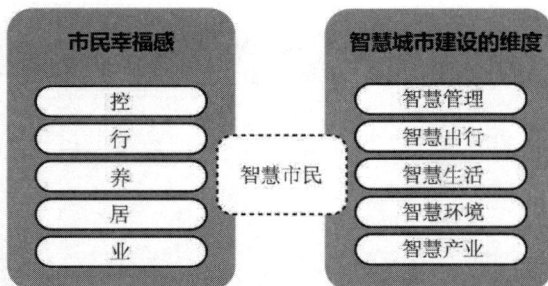

图 2-1　市民幸福感与智慧城市模型的六个范畴

图 2-2　ICT 技术导致了很多新型职业的诞生

图 2-3　市民在新时代、新环境中也能有获得感、幸福感和安全感

（图 2-2），以短视频 / 博客网络意见领袖、网约车从业者、外卖 / 快递小哥、电竞选手、网络直播间播主等为代表的新型岗位层出不穷，从业人员和相应的受众群数量都迅猛增加。市民对"幸福感"这三个字的要求，已经与以前大不相同。

第二，新兴的社会环境和产业催生出了全新的社会矛盾（图 2-3）。例如以个人信息为代表的数字权利、数字技术环境下的弱势群体等社会问题，如何保证市民在新时代、新环境中也能有获得感、幸福感和安全感，都对智慧城市应该提供"怎样"的服务，提出了新的要求。

第三，全新的社会矛盾需要与之相匹配的治理办法。新型社会矛盾是在疫情常态化、社会信息化、技术智能化的时代背景下诞生的，传统服务市民的思维、方法、应对能力和覆盖范围都受到了很大的限制。因此"怎么"面对新型社会矛盾，都需要人们以现代信息技术的思维和方法对城市、行业或应用的顶层设计、运营管理、服务方式等进行重构（图 2-4），才能以符合"智慧"时代要求的方式为社会服务，以与时俱进的手段实现市民的"幸福感"。

在 2015 年，"互联网 +"行动在全国"两会"上首次被写入了政府工作报告，被各界视为当年政府工作报告中最为靓丽的一笔，它指的是依托互联网技术，通过优化生产要素、更新业务体系、重构商业模式等途径，实现对传统产业飞跃式的转型和

图 2-4　新型社会矛盾需要与之相匹配的治理办法

提升。这标志着互联网将不仅仅是一种技术、工具和渠道，而上升为国家战略的高度，必将对中国城市层面的经济、文化、环境、资源和基础设施等方面产生广泛而深远的影响，"互联网 +"实质上是利用 ICT 技术让生活变得更美好的愿景。

如今，"互联网 +"的理念已经被超越，进化成利用基于 ICT 技术的"数字化"手段，建设智慧社会，让人民在信息化发展中有更多获得感、幸福感和安全感。截至 2021 年底，以下方面的表现反映出我国在数字中国建设方面取得了决定性的进展和显著成效：

首先，我国互联网发展指数名列前茅。根据《世界互联网发展报告 2021》对全世界 48 个国家进行统计得出，美国和中国的互联网发展指数分别为第 1 名和第 2 名；欧洲各国互联网发展实力排在其后且较为均衡；拉丁美洲（Latin America）、撒哈拉（Sahara Desert）以南的非洲地区则总体排名靠后。

近年来，我国网络扶贫行动向纵深发展取得实质性进展，带动边远贫困地区非网民加速转化。在网络覆盖方面，贫困地区通信"最后一公里"被打通——截至 2020 年 11 月，贫困村通光纤比例高达 98%。在农村电商方面，电子商务进农村实现对 832 个贫困县全覆盖，支持贫困地区发展"互联网 +"新业态新模式，增强贫困地区的造血功能。在网络扶智方面，学校联网加快、在线教育加速推广，全国中小学（含教学点）互联网接入率达 99.7%，持续激发贫困群众自我发展的内生动力。在信息服务方面，远程医疗实现国家级贫困县县级医院全覆盖，医院可通过移动互联网为患者提供挂号、电子病历查询、诊间服务等服务，简化了就医流程，针对过去几年人们高度关注的就医问题，如排队挂号、缴费等突出痛点，得到实质性改善。

其次，我国互联网普及率较高。根据《2021 全球数字报告》统计，2021 年全球互联网用户数量的渗透率达到 59.5%。北欧的互联网渗透率全球最高，达到 96%；东亚和西亚地区的互联网渗透率较为靠前，而中亚和南亚地区较为落后；中非地区的互联网普及率最低，仅为 26%。在我国，据中国互联网络信息中心统计，截至 2020 年 12 月，我国网民规模达 9.89 亿，互联网普及率达 70.4%。其中，农村网民规模为 3.09 亿；农村地区互联网普及率为 55.9%。我国在线教育、在线医疗用户规模分别为 3.42 亿、2.15 亿，占网民整体的 34.6%、21.7%。

最后，我国信息惠民便民水平大幅提升，市民服务方式转向"线上 + 线下"的组合模式。2020 年，我国互联网行业在抵御新冠肺炎疫情和疫情常态化防控等方面发挥了积极作用。疫情期间，全国一体化政务服务平台推出"防疫健康码"，累计申领近 9 亿人，使用次数超过 400 亿人次，支撑全国绝大部分地区实现"一码通行"，大数据在疫情防控和复工复产中作用凸显。未来，各类"数字"手段会进一步促进经济复苏。

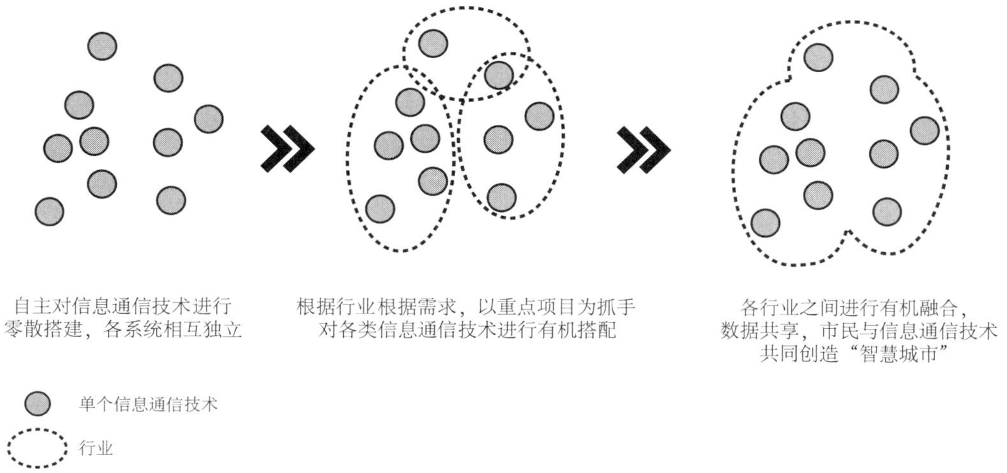

自主对信息通信技术进行　　　　根据行业根据需求，以重点项目为抓手　　　　各行业之间进行有机融合，
零散搭建，各系统相互独立　　　　对各类信息通信技术进行有机搭配　　　　数据共享，市民与信息通信技术
　　　　　　　　　　　　　　　　　　　　　　　　　　　　　　　　　　共同创造"智慧城市"

单个信息通信技术

行业

图 2-5　行业与 ICT 技术融合程度的三个阶段

按照"数字化"手段与各行各业的融合程度，大致可分为三个阶段（图 2-5）：

第一阶段，各行业内的组织自主地对 ICT 技术系统进行零散搭建，且各个系统之间没有联合互通，其中的数据也是相对独立的。例如，公交车和地铁系统的时刻表、票据等在这一阶段都是相互独立的。

第二阶段，各行业内根据自己的需求，以重点项目为抓手，对各类 ICT 技术进行了有机地搭配和融合；行业内的数据可互通互用。例如，公交车和地铁系统共享一卡通票据系统，在各自时刻表的定制方面，也对两个系统之间的换乘时间进行了考虑。

第三阶段，各行业之间的系统使用同一平台进行了有机融合，并且数据共享。例如，使用城市大脑对城市内的交通系统、能源系统等各类系统进行集成，打通各系统的数据使用，对城市资源实现统筹调配和管理；城市大脑与市民共同协作，打造高水平的、可持续发展的宜居城市。

由此可以看出，依托"数字化"理念和相应的 ICT 技术，大多数产业目前处于 ICT 技术与行业融合第二阶段向第三个阶段的转变之间。ICT 技术应用已经成为城市运行不可或缺的重要手段。精准、可视、可靠、智能的城市运行管理网络将覆盖所有城市要素，有效地支撑城市安全和可靠运行。总体来讲，ICT 技术对于每个产业的赋能，都可以分为量变和质变两个方面（表 2-1）。以下的篇章，就从"控""行""养""居""业"几个方面入手，从量变和质变两个方面，讲述 ICT

技术是如何与各个产业和市民们互相协作，以新时代的服务方式和思维，让市民获得"新型"的幸福感与获得感。

智慧技术为各个产业所带来的量变与质变　　　　　　　　　　表 2-1

指标	案例	量变	质变
控	智慧小区	创造更加舒适宜人的社区	空间认知、感受与需求上的转变
行	智慧出行	出行变得更加便捷	出行即服务
养	智慧医疗	健康大数据的采集更加便捷	医疗从集中式变成了分布式，实现"健康平等"；以患者为中心，以预防保健为主要手段的健康管理体系
居	智慧环境	环境数据的采集、检测和调控变得更加便捷	产消者的诞生；新型分布式可再生的清洁能源与传统的不可再生能源相结合，实现自然环境的可持续发展
业	智慧经济	对社会经济中的主导要素——物质、能源实现高质量的管理	基于物质、能源、知识和数据所衍生的智慧经济
一	智慧市民	拥有在智慧城市中生活的"智慧能力"	拥有"智慧素质"，反过来促进"智慧城市"的提升

2.2　"控"——智慧社区

智慧社区是指借助以 ICT 技术为社区成员提供一个更加舒适宜人的生活、学习或工作的环境，它们的建设是提高人们生活质量的重要环节。传统社区由于管理主要依靠人力，因此服务社区成员的手段较为匮乏，管理者无法对信息进行快速全面地收集，有问题时也无法做到及时响应，从而导致公共设施等资源的分配不合理，给社区成员生活带来了很大的不便。在 ICT 技术的帮助下，社区管理的效率可以得到很大的提升。同时，由于 ICT 技术的存在，再加上 2020 年新冠肺炎疫情产生的推动，人们的需求与之前相比有了很大的转变，促使了很多新型产业的诞生，而这些产业也使得人们对于传统空间的认知、感受与需求发生了范式上的变化。

2.2.1　社区管理效率的提升

社区作为社会治理的最小组成成分，其治理水平和能力聚集起来，以量变形成质变，可以对社会整体治理水平产生重要的影响。以居住区为例，我国在 1980 年代就引进数字化技术，对居住社区的治理进行改善（表 2-2）。通过逐年对数字化技术进行升级，并且让它们形成更为紧密的一体化治理体系的一部分，逐渐演变成我们今天所熟悉的"智慧社区"。

我国智慧社区的发展阶段　　　　　　　　　　　　　　　　　表 2-2

时间	阶段	内容
1980 年代	非可视楼宇对讲系统阶段	简单的呼叫通话及遥控开锁，只能局限于单个家庭，后期家庭分机联网可与管理中心联系
1990 年代	可视的楼宇对讲终端阶段	可视对讲应用，社区的概念形成
2000—2010 年	智能化小区阶段	智能家居、监控、周界防范、门禁等
2010—2015 年	数字化小区阶段	消费、计算机、管理、通信一体化向数字小区发展
2015 年以后	智慧社区阶段	向集成化、网络化、数字化、无线化、智能化、模块化发展

有人将智慧小区相关的产业进行了总结，认为有以下七种类型：

● 新建小区：由各类开发商主导，以科技型小区为卖点。

● 老旧小区改造和美丽家园建设：对老旧小区的升级策略主要从信息基础设施（智慧化技术做插件，按需组装）、社区治理（以发现问题为导向，强调安全和有序）、社区服务（结合全年龄需求，强化共享属性）、社区空间（强化社区交往空间的舒适性与趣味性）为主。

● 数字乡村的建设试点：可将美丽乡村与扶贫等工作进行结合与展开。

● 智慧养老：无论是现有居住小区内的社区微小养老机构，还是专业的养老院，都可以采用智慧化的方式，对老人进行安全监控、健康检测和日常照顾等，为打造"15 分钟养老服务圈"提供重要的技术支持。

● 平安小区：通过数字技术，对小区的安全监控系统进行升级，从而使得社区管理人员能够便捷地了解居民的需求，也可以更加迅速及时地对居民的需求进行回应。

● 社区商业：可以对社区内和周边的需求和资源进行充分地整合，提供购物、医疗等服务，配备快递到家、仓店一体化、社区团购以及社区线下自提店等建设，提升社区生活的便捷度。其他案例还包括缴费、物业管理、服务到家等，实现线上线下一站式服务。

● 城市大脑：部分城市大脑的项目会以单个社区作为项目试点，之后再将项目进行拓展和升级。

总而言之，智慧社区可以做到将社区成员、物业、商户、政府四者有机联系起来，依托 ICT 技术将社区周围的资源和需求整合为一个完整的系统，从而对需求和供给进行快速定位和精确配对，提高资源的利用率。从管理者的角度来讲，智慧社区便于物业管理和资源规划决策；对于社区成员来说，则可以根据自己的需求方便快捷地获取资源。

在智慧社区的建设方面，我国正处于城镇化快速发展的中后期，城市管理理念也开始向存量优化过渡，再加上现存老旧社区数量庞大，因此在今后，城区部分的老旧小区改造和升级会占智慧社区建设的主要部分。老旧小区已经形成了较为成熟的邻里社区模式，且很大概率会有老龄人口和低收入人群居住。因此，其改造工作多由政府主导，具有公益属性和拉动投资的作用。一般来讲，老旧社区内改造空间比较受限，且整体改造成本偏高。

新建社区大概率会在现状人口较少、社会模式需要引导和培育，或者以年轻人口及"新中产"群体为主的局域进行建设，也会依托 ICT 技术进行增量提升。此类项目多由开发商主导，因此具有较强的战略性和竞争性。因为是新建，因此空间的创造性强，需要为未来做出预留。升级建设的策略也是以超前服务为目标，在设计、建设和运营各个环节将对信息基础设施进行充分的考虑和部署；在社区治理方面，努力营造整洁、优美和环境友好的体验；在社区服务方面，需要迎合年轻人的需求，加强远程及 O2O（线上到线下，Online to Offline）服务；在社区空间方面，需要强化空间设计的愉悦氛围。为了保证建设的水准，我国也相继公开了一系列与智慧社区相关的标准（表 2-3）。

智慧社区建设相关的国家标准及技术规范　　　　　　表 2-3

编号	标准名称
GB/T 29855（2013 版）	社区信息化术语
GB/T 30147（2013 版）	数字化城市管理信息系统　第 1-2 部分
GB/T 31070（2014 版）	楼寓对讲系统　第 1 部分：通用技术要求
GB/T 31490（2015 版）	社区信息化　第 1 部分：总则 社区信息化　第 4 部分：数据元素字典 社区信息化　第 7 部分：信息系统技术要求
GB/T 38237（2019 版）	智慧城市　建筑及居住区综合服务平台通用技术要求
GB/T 38321（2019 版）	建筑及居住区数字化技术应用　家庭网络信息化平台
GB/T 38323（2019 版）	建筑及居住区数字化技术应用　家居物联网协同管理协议

编号	标准名称
GB/T 38319（2019版）	建筑及居住区数字化技术应用　智能硬件技术要求
GB/T 38840（2020版）	建筑及居住区数字化技术应用　基础数据元
20180987-T-469（2018版）	智慧城市　建筑及居住区　第1部分：智慧社区建设规范

2.2.2　空间体验范式的转变

2019年是咖啡连锁店星巴克进入中国市场的第20个年头。在它的带领下，人们开始了解到，一杯咖啡的价钱，人们购买的其实是这个时间段的社交空间使用权。拿着电脑在其门店里认真看书或者工作的人们，常被趣称作为"星巴克气氛组"，从侧面也证实了这个社交空间除了提供必需的功能之外，对其氛围的塑造也有较高的要求。如今，人们对于特定空间的租赁需求已经形成一个巨大的产业，该产业的商业化唤醒于以星巴克为代表的各类咖啡馆，借力于数字时代的空间租赁，却真正茁壮于疫情时期的空间功能整合需求。

◆ *付费自习室——新型空间的诞生* ——————————————●

中国大学其实自数据时代就启用了让学生利用手机App预约校园内的图书馆和自习室位置，这样就无需学生披星戴月去占座。特别是在临近考试或者考研的时候，通过应用平台在前一天晚上查询自习位置的供给情况，再决定第二天去哪里自习，为学生们提供了很大的便利。同时，由于使用此种方式，使得自习座位的管理规则更加清晰明确，因此也避免了例如占座、"霸"座等矛盾。如果说，校内自习室预约应用极大方便了在校学生对于自习空间的需求，那么自2019年走红的社会付费自习室则是着眼于已经走上社会的年轻人们在自习方面的需求，它为需要考研、考学、考证的社会人士提供高质量的自习环境，而消费者则为合理使用高质量的环境付费。这种服务利用预订平台，迅速匹配需求和供给，也极大地减轻对图书馆等公共资源的压力，因此具有它诞生的社会基础（图2-6）。与咖啡馆一样，必要的配备和气氛营造也是付费自习室的组成部分，例如，很多付费自习室配置了微波炉、冷热饮、打印机等便利设施，也有些付费自习室内悬挂有各类考试倒计时牌，或者展示学习时长排名，有的在室内贴有"为更好的未来奋斗"等励志话语，从而能够激励学习者更好地学习。除上

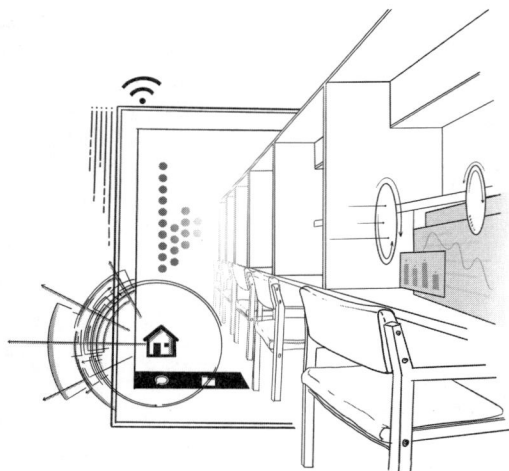

图 2-6 自习室与 ICT 技术相结合，为人们提供了新的学习空间和可能性

述的付费自习室之外，还有小型客厅、会议室、教室和各式文化空间，可供人们按照需求进行租赁，为人们提供了极大的便利。

把具有相同功能的空间进行整合并不仅限于文化空间。外卖订餐行业改变了人们饮食的方式——通过网络平台进行点餐，进餐中最核心的部分，即"吃"已经不再受时空的制约。从而饮食企业也可以选择从塑造进餐环境这个任务中剥离，仅仅专注于打理厨房的部分。于是，就有人在同一个场地将空间分成一个个小间厨房，出租给各个饮食外卖商家，同时对入驻的商户实行统一管理，对其提供运营管理。这种模式将饮食外卖商家的地租成本和运营成本最小化，借助共享厨房公司的平台以最小成本形成品牌效应。

无论是付费自习室还是共享厨房，它们都是借助互联网平台，实现了空间以及功能在供需双方的精准对接，对社会闲置资源进行了高效的匹配和利用。建立在 ICT 技术发展的基础上，形成了"空间即服务"的崭新经济模式。特别是在 2020 年新冠肺炎疫情的大背景下，ICT 技术更是改变了人们对于传统空间的认知和体验（图 2-7）。很多以前在社区提供的公共空间已经不再对公众开放，而相应的出行也不再是理所当然的事情。

在 ICT 技术的帮助下，人们对于空间的认知和体验发生了包括但不仅限于以下几个方面的变化：

● 开始接受虚拟空间成为学习和工作空间的延伸（空中课堂、网络会议室等），从而极大地避免了市内通勤路上，甚至是跨城际、跨国际旅途

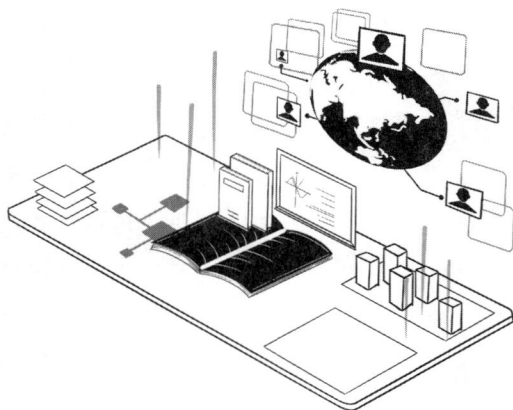

图 2-7 在智慧城市里，分布于世界各个物理位置的空间变得触"屏"可得

中的舟车劳顿；

● 从网络平台寻找那些原本可以踏入，现在却因为疫情原因而不再可以享有的空间替代品（付费自习室、会议室等）；

消费者和商家往往只保留了对于自己最重要的部分，商家通过将其他部分舍弃，可以更加专注自己可以精进的部分。多个商家将自己需要的空间功能进行整合，从而大大地节省了投入。

因此，共享空间的经济得益于 ICT 技术的发展，让空间本身的使用更加弹性化——既在时间，也在功能上都可以有很大的弹性。让消费者可以接触更多类型的现实和虚拟的空间，同时，商家也可以依托这个趋势，将成本降到最低，对空间进行高效、灵活地使用。

2.3 "行"——智慧出行

出行问题一直是我国城市发展所面临的痛点。已有研究表明，通勤时长与人们所感受到的幸福感成反比关系。在 2021 第二季度的《中国城市交通报告》中，显示在通勤高峰交通拥堵榜单上排名前十名的城市，其机动车辆在通勤高峰时间段中的平均移动速度均为 24km/h 以上；而在通勤耗时榜单上排名前十名的城市中，平均通勤时间最多为 47 分钟，最少为 38 分钟。这对市民的幸福感造成了很大的负面作用。

依靠传统增量式的方法已经很难解决现有的交通问题。一方面，利用道路扩张缓解出行压力的效果已经越来越不明显。随着城市居民数量的增多，扩建道路的空间在不断变小。交通系统作为一个复杂的综合系统，无法仅仅依靠拓宽道路，减少车辆数量从根本上解决交通问题。在这一背景下，智慧出行方式无疑成为解决这些问题的新出路。智慧出行相对于传统出行，其提升可以分为两个方面。

第一个方面是智慧出行对出行效率的提升，即采用先进的 ICT 手段和理念，对交通系统的各个部分进行有机结合，使其作为一个整体能够运行得更加平滑顺畅。在减轻交通系统负担的同时，对交通系统的运营效率进行改善、对能源效率进行提升，对公共交通的使用率进行提高。

第二个方面是智慧出行带来全新的出行范式，"出行即服务"（Mobility as a Service，缩写为 MaaS）。对于出行者来讲，日常出行的便利度比出行方式更重要。例如，近距离的出行，人们可以选择出租车、公交车、地铁，甚至是共享单车。在远距离的出行中，人们则可以在飞机、高铁或磁悬浮之间进行选择。因此可以看出，出行是一种"服务"。

2.3.1 出行效率的提升

出行效率的提升主要是基于智能出行系统，对交通运输体系中各种要素进行全面感知，通过泛在互联，对整个系统各部分进行协同运行和科学决策，从而实现交通运输系统的一体化管理和全过程服务，推动交通运输以更安全高效、更经济环保、更以人为本、可持续发展的方式运行（图2-8）。

从表面上看，智慧出行系统集合了很多高科技的手段：例如可以通过实时监测路面和车辆信息、调整控制入口匝道和交通信号灯、实现不停车收费；通过提供各种便利的信息服务，使出行者的路径选择能够最优化；一些城市可以通过安装在市内的摄像头检测实时的车流，经各种感应器采集到的数据将会被传输给控制中心，在后台实现对交通的实时调控。实质上，所有的手段都指向同一个终极目标，那就是将整个交通系统看做成一个整体，所有的技术都用于保证这个系统有条不紊地进行，而所有的交通工具都是这个系统里的一个元件（图2-9）。有人曾经畅想过，在未来，所有行驶的车辆都将通过网络进行感知、互联、合作和决策，各个车辆都可以实时地发送自己的行驶速度和位置，并且把此信息发送到交通管理部门；交通管理部门会根据该信息对道路情况（例如拥堵、车祸等）进行分析；自动驾驶车辆精准地了解行驶路线上的驾驶情况，并且实时感知行人的速度和位置，根据智能交通系统的建议和实际情况

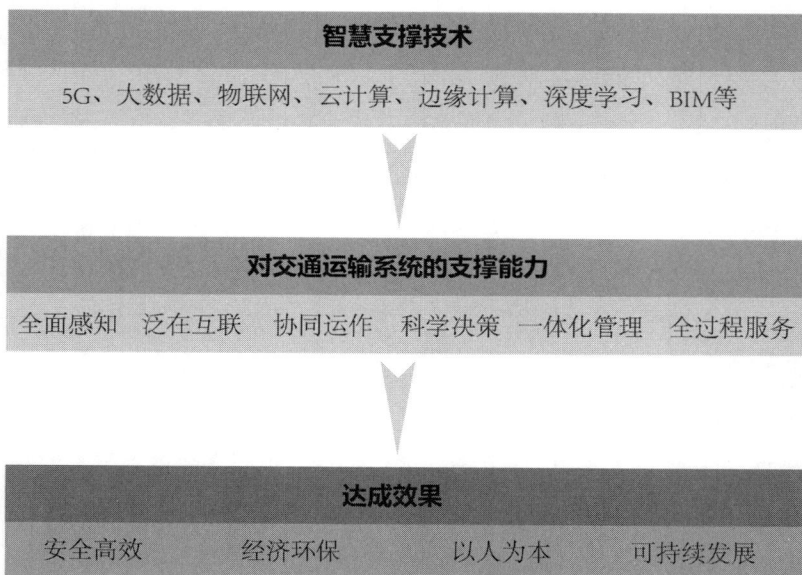

智慧支撑技术

5G、大数据、物联网、云计算、边缘计算、深度学习、BIM等

对交通运输系统的支撑能力

全面感知　泛在互联　协同运作　科学决策　一体化管理　全过程服务

达成效果

安全高效　　　经济环保　　　以人为本　　　可持续发展

图2-8　智慧出行为交通运输系统带来的益处

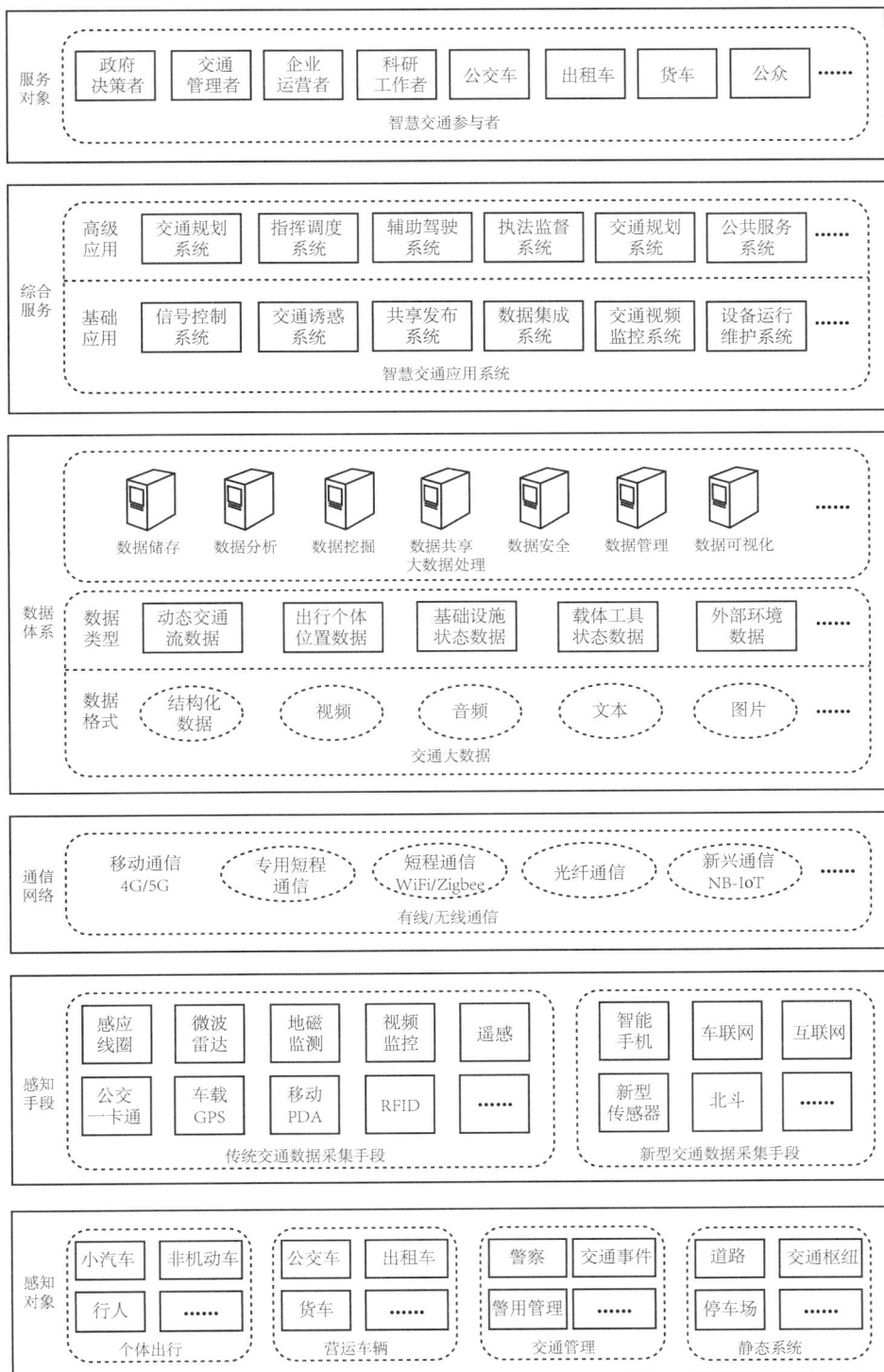

图 2-9　智慧出行系统示意图

选择出行路线，随时对自己的驾驶状态进行调整，实现"人—车—路—云"之间的密切配合，和谐统一，以达到城市道路上不再需要红绿灯和任何其他形式的交通指示信息的目标。

对于交通运输部门来说，智慧出行的实现依托于物联网、大数据、云计算、互联网等技术，可以实现实时、自主的交通管理，能够减少交通管理的人力成本，不需要在现场部署大量人力，系统响应迅速、可以快速处理交通事故、提高交通管理的效率。对于普通民众来说，智慧出行的应用将会节约其通勤时间，能够迅速获取实时交通信息，方便选择交通工具，制定出行计划。

以自动驾驶汽车为例，根据我国工业和信息化部公布的，2021 年 1 月 1 日开始正式实施的《汽车驾驶自动化分级》GB/T 40429—2021 国家标准，汽车驾驶自动化可分为 L0~L5 共 6 个等级。自动驾驶汽车的发展历程所依靠的不仅是汽车本身驾驶技术水平，更和周边环境的 ICT 技术挂钩，是城市物联网达到特定阶段的产物。以 V2X 为代表的单车理念，推动着交通工具从单车智能向群体智能转变。从最初的 V2V（Vehicle to Vehicle，即车对车的通信），到 V2I（Vehicle to Infrastructure，即车辆与基础设施通信）、V2P（Vehicle to Pedestrian，即车辆与行人通信），再到最终的 V2X（即车辆与未知对象的通信），从而获得实时路况、道路信息、行人信息等一系列交通信息，提高驾驶安全性、减少拥堵、提高交通效率。车辆一步一步地融入交通运输系统中，其决策也不再是以车辆为中心，而是作为有机部分与其他有机部分的协同，保障交通运输系统井然有序的运作（图 2-10）。例如，2019 中国公路学会自动驾驶工作委员会、自动驾驶标准化工作委员会发布的《智能网联道路系统分级定义与解读报告（征求意见稿）》把交通基础设施系统按照信息化、智能化、自动化等角度分为 I0 级到 I5 级。如图 2-10 所示，各级的实现需有相应的自动驾驶汽车配合才有可能。

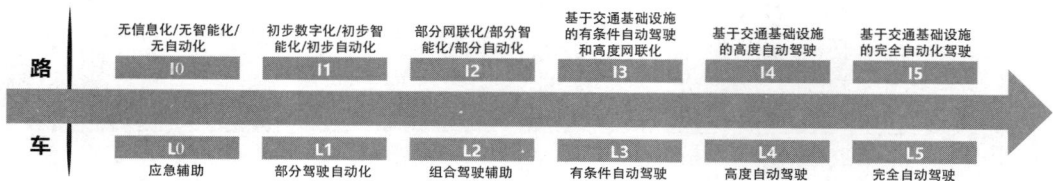

| 路 | 无信息化/无智能化/无自动化 I0 | 初步数字化/初步智能化/初步自动化 I1 | 部分网联化/部分智能化/部分自动化 I2 | 基于交通基础设施的有条件自动驾驶和高度网联化 I3 | 基于交通基础设施的高度自动驾驶 I4 | 基于交通基础设施的完全自动化驾驶 I5 |
| 车 | L0 应急辅助 | L1 部分驾驶自动化 | L2 组合驾驶辅助 | L3 有条件自动驾驶 | L4 高度自动驾驶 | L5 完全自动驾驶 |

图 2-10   "车—路"协同相融合

2.3.2　出行范式的转变

　　智慧出行与传统出行中强调"出行工具"相比，其最大的范式变化体现在将出行看做是一种"服务"。这个服务的终极形式，是可以像购买移动电话套餐或者视频网站套餐那样，根据使用者的使用习惯，按照使用量或者使用时间进行套餐办理（图 2-11）。

图 2-11　出行即服务

　　一般认为，MaaS 模式可以分为五个不同的级别：

　　● 第 0 级：各个系统之间相互独立，信息不互通。例如，早期的公交车与地铁系统相互完全独立，有独立的票务系统和时间表。当人们需要从公交车换乘到地铁到时候，需要单独购买车票。

　　● 第 1 级：系统之间有信息整合。相对于第 0 层来讲，本层为使用者开放了各个信息的时间表或者线路图等信息（例如，手机的地图 APP），使得使用者可以在时间、线路、交通工具的类别等方面进行方便的抉择。

　　● 第 2 级：平台提供查询、预订和支付等基本的出行功能。在这个层次，使用者可以在 MaaS 平台上查询出行所需要的交通工具、所对应的出行时间、预订相应的票据，并且通过链接自己的银行账户，在平台上进行支付。目前，大部分欧洲城市都已经能够实现第 2 级的 MaaS 模式。

第 2 级 MaaS 平台案例

　　以奥地利维也纳（Austria Wien）的 WienMobil 为例，该手机 APP 可以为用户提供附近所有交通工具的信息。除了公共交通，还包括空闲共享单车的位置、空闲租车位置及其电池电量、出租车、空闲电动脚踏车位置及其电量等在内的信息。

　　● 第 3 级：平台提供成熟的"出行服务"套餐。MaaS 系统根据用户（个人、家庭、群体）提供包含不同出行工具的出行服务套餐。例如，在公共交通的基础之上，还可以纳入共享单车、共享汽车等共享交通工具，从而使得出行服务在时间和空间上拥有更大的自由度。

第 3 级 MaaS 系统的案例

以芬兰赫尔辛基（Helsinki）的 Whim 项目为例，该平台为用户提供了不同的出行包（表 2-4）。

芬兰赫尔辛基 Whim 项目的服务列表   表 2-4

模式	价格以及可乘坐的交通工具
公共交通	
即走即付（Pay as you go）	根据可乘车的区域的不同，单程车票的价钱为 2.8~5.7 欧元不等。可乘坐公共交通工具（公交车、有轨电车、火车、地铁以及轮船）
30 天季卡 （HSL 30-day season ticket）	公共交通总价：62.70 欧元起（根据区域不同价格也有所不同） 该票还包含 Whim Benefits 套餐 *
30 天学生季卡 （HSL 30-day student season ticket）	公共交通总价：34.40 欧元起（根据区域不同价格也有所不同） 该票还包含 Whim Benefits 套餐 *
10 次单程票 （10 ticket）	公共交通总价：28.00 欧元起（根据区域不同价格也有所不同） 该票还包含 Whim Benefits 套餐 *
电动脚踏车 TIER 和 Voi	
即走即付（Pay as you go）	根据骑行的距离来定
服务包 （Voi package）	6.99 欧元 /30 分钟 12.99 欧元 /60 分钟
共享单车 JURO	
Citybike 2021 年度季票	无限次骑行，每次不得超过 30 分钟。 如果骑行时间超过 30 分钟，需要支付 1 欧元 /30 分钟（最多 5 小时）的费用
JURO 天票	5 欧 / 天

*Whim Benefits 套餐：出租车：12.50 欧元，无限次行程，每次行程的最大行程距离为 3 公里以及最大时长为 10 分钟（仅限 TaksiHelsinki 出租车公司）；租车：单天租价为 55 欧元 / 天，包月租价为 19 欧元 / 天（为期 30 天）；24h 旗下的租车服务优惠：15 欧元 /2 小时起；共享单车 JURO：每月可享受一次 30 分钟的免费骑行；索菲亚合作办公区：每月可享受 1 天的免费行程（价值 25 欧元）

● 第 4 级：平台整合了社会目标，即除了对出行的供求进行基本的匹配之外，平台还可以通过调整需求，帮助国家或者社会政策得以实施。例如，可以通过为特定地区、特定时段提高出行费用，或对出行人次进行限制，从而对该地区的交通拥堵情况或者环境污染情况进行调控。

　　MaaS 系统能够成功地得以部署和贯彻，在于 ICT 技术和理念为基础、地区公共交通供应者和共享交通工具的供应商为核心合作成员、银行等其他机构为辅助合作成员（例如，以保证票务的支付）共同合作而成。高阶段的 MaaS 模式是将"出行"当成商品进行销售，所以用户可以根据自己的个人喜好，对该服务进行量身定做，同时还可以根据购买服务的数量享受一定的优惠。用户出行的自由度和舒适度得到了大大的提高，同时对自己的出行费用的掌控也得到了提升。

　　智慧出行系统是未来交通系统的发展方向，可以有效地利用现有交通设施、减少交通负荷和环境污染、保证交通安全、提高运输效率。

2.4　"养"——智慧医疗

　　智慧医疗是基于现有的公共卫生和医疗信息平台，利用 ICT 技术和理念整合各级公共卫生系统和医院业务系统，形成信息高度集成且智慧化的，集医疗健康管理、公共卫生指挥应急管理和医疗服务监督管理等功能于一体的网络系统，实现患者与医务人员之间，医疗设备与医疗机构之间，医疗机构与医疗机构之间，以及医疗机构与公共卫生管理部门之间的网状互动，达到医疗卫生信息和服务的"数智化"（图 2-12）。

图 2-12　智慧医疗通过医疗系统各部分之间的网状互动，达到医疗卫生信息的"数智化"

　　智慧医疗结合新时代的 ICT 技术与诊断技术，以医疗数据和信息的数字化为路径，达到医疗人性化、智能化、精细化的服务和管理,同时,使得医疗服务从单纯的医疗为主,转变为以患者为中心，以预防保健为主要手段的健康管理体系。

2.4.1　医疗效率的提升

　　人们都知道，即使是小病，如果选择去医院，都需要经历挂号、等待、看诊、付款、买药等一系列过程，在工作日的时候常常需要专门请假，所耗费的总时长也无法预估。然而，互联网医院的出现，让医生与病人实现了"线上联络"。以京东健康——互联网医院为例，人们可以像网上购物一样，便捷地选择看诊医生的科室、等级、职称、

开方资质、所处地区和问诊类型，通过文字和照片描述自己的症状，医生也会在数分钟内快速回应，从而确定病情以及需要的药品。在数天过后，医生也会回访，了解病人的恢复情况。

互联网医院建立在实体医院的资源基础之上，依托智慧医疗，减缓各大型医院的医疗负担，又极大地提高了病人看病的效率。同时，智慧医疗还为各卫生机构之间以及医院所属各部门之间提供病人信息和管理信息的收集、存储、处理、提取和数据交换。从应用最为广泛的医院信息系统（Hospital Information System）、电子病历系统（Electronic Medical Record）与医疗保险结算系统和政府监管部门的各类公共卫生和电子政务系统等狭义的医疗信息系统，逐步演化为各类系统的互联互通，以及使其借助大数据、人工智能和5G技术向上下游产业延伸，真正实现"智慧医疗"在技术条件上的愈发成熟。当前，智慧医疗的技术架构主要包括基础环境、业务数据库、软件基础平台和数据交互平台、保障体系、综合服务体系五个方面，其所涉及的常见形态详见表2-5。

智慧医疗的技术架构 表2-5

类型	常见形态
基础环境	公共卫生专网、医院专网等
业务数据库	医院信息系统、电子病历系统、电子健康档案等
软件基础平台和数据交互平台	应用、流程和信息服务等
保障体系	应用服务器、数据库服务器、门户网站服务器等
综合服务体系	住院管理系统、挂号系统等

我国针对医疗系统的信息化最早可追溯到1980年代，以部分大型医院的信息化建设、小型管路软件和小型的局域网为主。21世纪初的"非典"，促使我国提高医疗管理水平，加大对公共卫生信息化建设的投入，从而使得医疗信息化了进入快速发展期，几乎所有的三级医院开展了信息化建设，同时约有80%以上的二级及以下级别的医院也开展了信息化建设。2009年至今，以国家出台的"新医改"为推手，医疗信息化建设已经全面启动，居民健康档案、电子病历等也逐渐成了老百姓耳熟能详的看诊必需品，新型的管理模式得到了推广。

2016年，"健康中国2030"国家战略的提出，强调"发展基于互联网的健康服务，推进可穿戴设备、智能健康电子产品和健康医疗移动应用服务等发展"。近些年，能够和智能手机交互，有应用层手机软件支持的，适合日常保健和慢病管理场景的可穿戴设备如雨后春笋般出现，如智能血压计、智能血糖仪、智能慢阻肺治疗仪、智能手环、智能心电监测，甚至还有能够为家庭医生配置的、集血糖、血压、血样、心电、尿常规等多项检测于一身的便携式智能检测一体机等，改变了很多人的家庭保健甚至是生活方式。

最近几年，从中共中央、国务院到各部委，陆续出台了大量医疗产业的相关政策，强调了信息化和新一代信息技术对医疗产业的重要支撑作用，智慧医疗迎来政策密集期，政策体系也趋于完善。

2.4.2　医疗范式的转变

2020 年初爆发的新冠肺炎疫情，我国在全力应对的过程中，也暴露出基层医疗因信息化水平低导致防控能力不足，和医疗资源分布地域不均衡、城乡不均衡导致的治疗能力不足的短板。同时，在线诊疗需求大幅提升，给医疗体系的服务和监管带来了很多新的挑战。智慧医疗相关产业，一方面帮助医疗资源分布的更加公平和均衡，另一方面，也是"分级诊疗""医保控费"等政策落地的关键抓手，并且能够为今后的疫情防控提供有效的技术支撑。

智慧医疗相关的数字化工具主要在"以患者为中心""以提前筛查预防为重"和"强基层"方面，在我国卫生和医疗体系内引起了范式变化。基层医疗服务体系不仅要做好辖区内居民的慢病管理和部分康复与护理工作，而且需要协助公共卫生做好预防、保健和健康教育，以及二者相结合的家庭医生签约和服务，并负责居民的电子健康档案的建立和更新。这一系列工作，如果没有数字化工具来支持基层医疗服务人员，将变成一纸空谈。由于过往的财政投入力度有限，基层医疗服务体系的数字化程度整体偏低，也缺乏完备的软硬件设备和专业人员，这一情况在《"健康中国 2030"规划纲要》提出后正在大幅改善。家庭医生签约、电子健康档案、慢病管理服务等日常的业务流程将陆续"线上"化、数字化、智慧化，并借助大数据技术形成有更广泛社会价值的工作成果。

未来，国家将不断利用各类政策对医药、医疗和医保的"三医联动"和"分级诊疗"进行完善，由智能设备采集到的各类居民健康信息将与医疗服务机构和公共卫生网络实现最大程度的互联互通，每个居民的电子健康档案也将愈发丰富，同时，以家庭医生为纽带的公共卫生和医疗服务网络将能够获得动态的健康数据并据此形成保健、预防和治疗方案，数智化的智慧医疗服务网络将就此形成，以便更好、更有效率地服务政府、医院、医生和居民等每一个医疗参与者。

◆ **智慧医疗的场景示例** ───────────────────────────

　　南京江宁区全民人口健康信息化项目初步实现了"医卫融合""分级诊疗""互联惠业""现代管理""数据驱动"五大特色。同时，项目充分发挥"云大物移"的技术优势，使江宁区医疗卫生体制改革的各项举措能够通过信息化手段快捷便利地直达辖区居民和医疗卫生健康服务机构，初步形成"个性化""智能化""连续化"为特征的智慧医疗格局，增强居民对医改的获得感，提升医务工作者的执业体验和各级管理人员管理效能，助推"智慧江宁、健康江宁"建设。

　　江宁区全民健康信息化总体框架是在国家"46312"总体建设要求的基础上结合自身需求建设而成，由基础设施、区域数据资源、全民健康信息平台、区域业务应用、区域协同应用、区域大数据应用、区域智慧便民应用从底到顶构成，并建立在全区标准规范体系和安全保障体系之上，最终统一服务于辖区居民、医疗卫生机构、卫生行政管理机构以及体系外的各类服务机构。

2.5 "居"——智慧环境

　　城市在高速发展的同时，也带来了大量难以处理的垃圾、废水和废气。全国每年的"城市垃圾"生产总量接近 1.5 亿吨。来自工厂、发电厂、汽车排放出的各种固体、液体和气体会对人们生活至关重要的空气、水和土壤造成污染，危及城市居民的健康。因此，对于环境的治理已成为城市发展中的重要任务之一。

　　智慧环境对于智慧城市的贡献分为两个方面。第一是改善了环保的工作效率和扩大了保护范围。例如，可以快速地对单靠人力很难抵达的边远地区的环境质量进行检测。第二，则是在新旧能源的结合、利用和布局为代表的方面，促进了范式的转变。

2.5.1　环境监测效率的改善

　　随着 ICT 技术的出现，以及物联网产业链的成熟，对大规模采用传感器和监测仪表对环境进行远程监控奠定了基础。无论从空间还是时间上，都为从事该专业的人们提供了很大的便利。例如，需要检测的地理位置偏僻，靠人工定期进行检查非常不方便，如今，可借助利用水质传感器、气体传感器、摄像机等监控设备，由太阳能电池板和蓄电池供电，通过无线通信网络进行传输数据，从而实现无人值守的24小时环境监控。

对于以环保局为代表的监控部门来讲，最重要的事情为预防和最小化环境污染所导致的损失。通过在线监测环境质量，管理部门可以实时获取有效的监测数据，及时发现如超排、偷排等污染事件，从而对污染源进行有效的控制管理，使得环境管理工作处于主动地位，提高环境管理效率。在线监测的内容有污水排放在线监测、废气排放在线监测、放射源在线监控、水环境在线监测、大气环境在线监测、声环境在线监测等。

在线环境监控系统还可以配合污染投诉处理平台、环境信息发布门户网站等措施，结合公众监督的力量；配合环保移动办公，移动执法，移动公文审批，移动查看污染源监控视频等应用层面的措施，为环保行政部门提供监管手段，减轻工作人员监管任务的负担、提高环保部门的管理效率和工作灵活度、提升环境保护效果。

对于排放污染物质的企业来讲，可利用ICT技术提高企业管理水平，对企业产生的废水、废气、废渣数量进行准确的掌握。如果发现生产线各流程产生的三废排量过高，或者去污设备或净化装置无法达到净化任务目标时，企业可停止生产，从及时停止对环境的破坏。

对于公众来讲，一方面利用环境信息门户及时掌握各类环境监测指数，实现公众对于环境状况的知情权；另一方面，公众可以通过网络平台，针对环境问题，向环保部门提出投诉与举报。

而在智慧环境的应用层面，也有很多别出心裁的发明，比如丹麦的"破解哥本哈根"（Hacking Copenhagen）项目，通过安置在自行车轮上的各种传感器，收集各种环境信息（例如，空气质量信息）； 巴塞罗那利用安装在路灯上的传感器收集噪声、污染信息等。

智慧环境通过先进的科学技术手段，在环境保护与环境治理领域引入共建、共治、共享的理念，打造基于多元主体共同参与的新型环境治理模式，使得"构建政府、企业、社会和公众共同参与的环境治理体系"的理念得到了很好的实现，为解决日益复杂化和动态化的环境治理问题提供了新思路。

2.5.2 能源供给的范式转变

化石燃料（煤炭、石油和天然气）是有限资源，出于对此类燃料日渐枯竭的担忧，以及燃烧它们所导致的环境污染，人们逐渐转向更为清洁的可再生能源。然而，以太阳能和风能所代表的新型能源，其生产、运输和消耗都需要全新的硬件、软件和理论，才能确保它们能够为宜居环境的建设起到有效的帮助。

以电能为例，传统电能是由距离很远的发电站，集中将煤炭内所蕴含的能量转变成电能，通过电网进行长距离运输，并且经过多次变压，将电能输送到城市里供市民使用（图2-13）。

相比之下，光伏板的益处显而易见。它因能够通过将太阳能转变成电能，从而作为一种清洁能源制造机而被世界各国广泛应用。经我国国家能源局署统计，截至2019年6月底，全国光伏发电累计装机18559万kW；其中，集中式光伏发电装机13058万kW；分布式光伏发电装机5502万kW。分布式光伏发电机经常被安装在办公楼、居民楼的屋顶、墙面处，这样所转换的电能可以就地消耗，线路损耗与集中式产电相比非常低。而且，分布式光伏发电机所产生的多余电能可以输入到公共电网，对公共供电系统进行"反哺"，电能系统的终端不再是单纯的消耗端（Consumer），也是产能端（Producer），因此被称为"产消者"（Prosumer）（图2-14）。

建立高速、双向、动态、实时、集成的、与电网密联系的网络通信系统是新时代电网的基本特征，以单向通信、集中发电、辐射状拓扑网络为特点的传统电网已经难以支撑如此复杂的系统要求，因此电网的管理需要向更加智能、甚至智慧的方式转变。与传统电网相比，以分布式发电为主的电网有以下几个难点（图2-15）：

● 能源多元化：新型电网既要适应大型电源基地

图2-13 传统产能方式

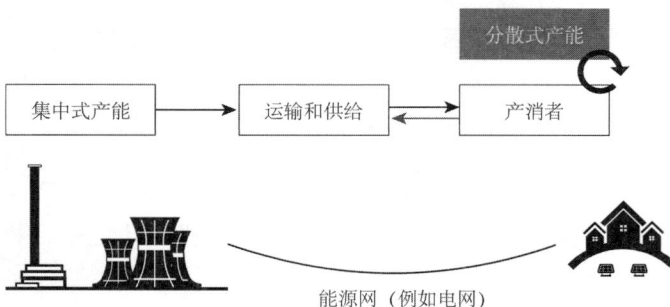

图2-14 新型产能方式

的以分层分区的方式接入，同时还要适应众多各类分布式电源以分散式的方式接入，视能源供给和消耗情况，对各类电源进行稳定、自动、迅速、有序、低扰、安全地指令性调度，计算出实时上网电价，提高发电厂和电网经

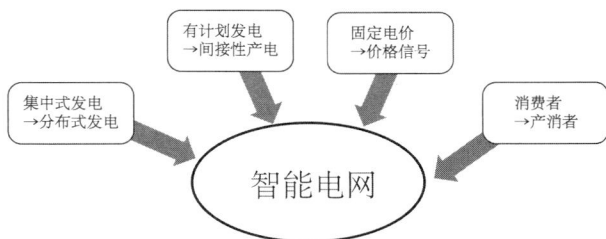

图 2-15　智能电网的特点

济效益。如此复杂的统筹，就需要智能电能表计量、记录发电厂实时电量、电费，并完成实时双向传输的功能，才得以实现。

● 间歇性发电：太阳能、风力发电具有"间歇性"，不如火电"稳定"，电力供应与实际能源需求之间的不匹配是可再生能源利用的一大障碍。可再生能源本身在转换电能方面波动很大，例如太阳能和风能都非常依赖天气状况，从而产电量会出现较大的波动。因此，人们必须在产能高峰的时候把多余的能源储存起来，以便在产电低谷的时候使用。

● 价格信号：价格信号为商品或服务随着供需发生变化而改变的价格，它既是供需亟需调整的信号，也是影响市场参与者交易行为的有效方式。以电价为例，价格信号通过合理拉大峰谷电价的价差，结合可以实时查看居所耗能量、远程设置家用电器的开关时间、园丁管理、微气候调节等 ICT 技术，引导市民合理利用能源。将价格信号和智慧能源管理进行整合，对促进风电、光伏发电等新能源加快发展、有效消纳，着眼中长期实现碳达峰、碳中和目标具有积极意义。

● 产消者：伴随着以分布式光伏为代表的分布式能源的蓬勃发展，电网终端的产消者群体不断壮大。产消者指具有自身生产能力的消费者，他们是既可以提供电力，又是能接受电力的特殊用户。他们通过配置分布式电源设备，在实现自己生产、自己消费的同时，也可以对剩余的能量进行出售。例如，有人畅想在不久的将来，产消者们可以通过自己手机上的应用平台，将自己居所屋顶光伏板所产生的剩余电量卖给附近要充电的陌生人。在此供应链中，售电商作为供电方与消费者之间的桥梁，负责购、售电业务，并相应获取利润。图 2-16 为简化的

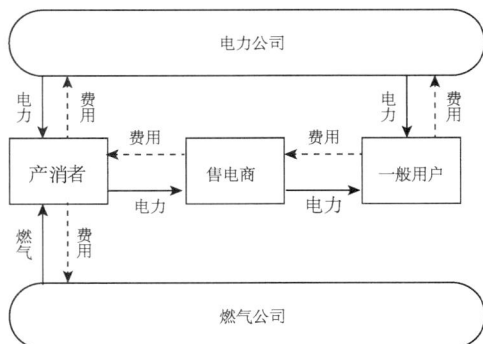

图 2-16　区域电力市场概念图

区域电力市场概念图。

如此复杂的电网系统和如此繁多的平衡因素，只能通过智慧电网才能够解决。我国对于智慧电网的定义是以物理电网为基础（中国的智慧电网是以特高压电网为骨干网架、各电压等级电网协调发展的电网为基础），将现代先进传感测量技术、通信技术、信息技术、计算机技术和控制技术等与物理电网高度集成而形成的新型电网，满足用户对电力的需求和优化资源配置，确保电力供应的安全性、可靠性和经济性，满足环保约束，保证电能质量，适应电力市场化发展等目的，实现对用户可靠、经济、清洁、互动的电力供应和增值服务。

虽然国际上各国因面临着不同的建设目标，因此对于智慧电网都有自己独特的侧重点。美国智慧电网重点在于加快推进智慧电网技术的标准化；欧洲着重在新型清洁能源的开发、分布式能源系统的创新等方面；韩国以新兴产业发展为导向，专注于智能电表的应用和电动汽车的发展；日本智慧电网建设的重点内容则是新能源、电池与微电网等，但面临能源转型和碳中和的浪潮，各个国家以及地方各级政府都认同智慧电网是智慧城市的重要建设内容。

2.6　智慧城市的主体——智慧市民

智慧城市不仅建立在物联网、云计算等新一代 ICT 技术基础上，而且建立在"智慧市民"的理念上——即城市居民是"知识型""创新型""学习型"的劳动者，普遍具备在智慧环境下的生存能力，适应智慧生活方式。此外，智慧城市提倡"终身学习""社会多元化""创造型"等理念，主张构建学习型社会和学习型组织，关注人自身素质的提高和个人价值的实现。因此，无论从发展需要，还是从理念追求来看，智慧城市都将成为高等教育与智慧劳动力的集聚中心，智慧城市的要义是培养"智慧市民"，使人的全面个性化发展得到充分体现。

目前，智慧市民培养主要集中在提供更为有效的教育途径、构建公共文化云服务平台、宣传终生学习理念等方面。例如，中国台北在智慧城市建设规划中鼓励在职员工的技能再培训，推出 E-Learning 学习网络平台，建设以实体教学为主、以电子化在线网络平台为辅的培训体制，从而摆脱传统教学空间、时间的限制，营造自主、个性的辅助学习空间。

在帮助市民逐渐适应智慧城市生活方式方面，我国政府也积极地响应，并且已经有所建树。例如，我国在新冠肺炎疫情趋于常态化的时期，针对不会使用健康码的老人，可以由随行亲友代为出示、共用一码或者是由老年人自己持有纸质证明；阿里巴巴率先推出我国首个关爱老年人专项行动"小棉袄计划"，随之很多地方的街道和团体都开设"老年班"，教学智能设备，帮助老人融入智能时代。2020年12月，我国工业和信息化部印发《互联网应用适老化及无障碍改造专项行动方案》，促使不少网站和APP从广告植入、包括字号大小在内的界面设置、操作难度等方面初步完成适老化改造。再者，我国于2021年12月发布的《"十四五"国家信息化规划》战略中，也把全民数字素养与技能工作列入了优先行动中。

市民操作智慧设备的能力是智慧城市软实力和市民综合素质的重要映射，因此需要政府在智慧城市的建设过程中，将部分精力、物力和财力投入到培养市民对于智慧技术的掌握与下一代创新的教育培训中，让市民切实感受到智慧技术的好处，而不是让智慧城市沦为智慧技术的摆设和展示的"花瓶"。只有当居民具有一定的"智慧"素质时，才能够操作、享受、引进、创新和提升知识化水平，也才能挖掘城市发展潜力，接纳更多先进管理理论、方法与技术，形成高素质的人才队伍和专业化的知识体系，从而保障智慧城市的不断升级。

虽然智慧城市涉及大量技术内容，但其核心价值仍在于为市民提供更加高水准的生活质量，这也是几乎所有国外智慧城市建设项目所不断强调的。目前大数据在此领域的应用主要体现在生活服务方面，如维也纳（Vienne）、巴塞罗那（Barcelona）、纽约（New York）等城市在开放数据的基础上众包开发了几十种至上百种生活服务类手机应用；多伦多（Toronto）、格拉斯哥（Glasgow）等城市则通过云计算等技术对实时信息进行分析并据此为市民提供更多生活服务实时信息。此外，思科（Cisco）公司提出了智慧连接社区概念（Smart and Connected Communities），通过智能网络系统将社区的服务、信息和人群等各类资源相结合，将物理空间的社区转化为一个更加紧密联系的社区。

然而，除去智慧市民对于智慧应用的能力培养之外，对于他们在智慧人文方面的培养同样重要，都需要政府做出努力，树立正确的价值观。毕竟智慧城市的发展，不仅是提高人们生活的硬件条件，更是人性化的水准的不断提升，所以需要做到经济基础与上层建筑的统一匹配，社会才能和谐、可持续地继续发展。作为建筑类行业从业者，更要比常人更加深刻地理解"人文关怀"这四个字的含义，才能够拿出真正有品质的智慧成果（图2-17）。

图2-17　即使在智慧城市时代，也要树立正确的"三观"

是否需要对智慧市民进行人文引导？

多样化是当今时代不可逆转的一个趋势，生活方式、思想多样化亦在其中，它既造就了五彩斑斓的社会生活，但也会对他人的生活造成困扰。以社区养老为例，由于有人担心自身小区卫生健康和社区安全（例如，医疗垃圾）受损，并对老人过世而引起楼盘品质下降和民事纠纷存恐惧心理，因此会有抵制社区微小养老机构入驻小区的情况发生。

如果说对于社区养老服务的抵制是思想观念落后于时代的体现，那么思想观念过多屈服于现代技术发展，也是一个需要打问号的现象。以比特币为代表的虚拟币，被人们疯狂炒作。狗狗币（Dogecoin）因在特斯拉首席执行官马斯克（Elon Musk）的推文中被加以讨论，其币值在6个月内飙涨；随后却又因为马斯克在某采访中的一句玩笑，其价格在24小时内又狂跌31.40%。以 Decentraland 和 Sandbox 项目为代表的虚拟房地产，基于区块链式的在线平台，让玩家在其中购买虚拟土地。甚至有玩家斥重金以430万美元（约2740万元人民币）的价格在 The Sandbox 上收购了一块虚拟土地。

2.7 "业"——智慧经济

目前，对于智慧经济的理解有两个侧重点：其一是经济的智慧化，其二是智慧经济化。把"智慧经济"看待成经济智慧化和智慧经济化相统一的过程，则是对其内涵更加全面的阐述。

所谓经济的智慧化，是指构成经济的各行各业数字化、网络化、信息化、自动化、智能化程度较高。例如，智慧出行里的智慧高铁、无人驾驶汽车等。

而"智慧的经济化"，指的是人类社会在经历了农业经济、工业经济之后，由计算机及信息技术所带来的，在以技术创新为主导的知识经济基础之上，衍生出大数据为主导要素的信息经济，最后升级到今天以"智慧"为主导要素的智慧经济。有学者认为，"知识"与"智慧"之间的区别在于，前者强调的是对以往人类经验和智慧的总结，而后者则是对以往知识更高层次的运用和加工。智慧的重要表现是"创意"，也就是说，创意行业不仅指那些科技含量较高的产业，也包括了"创意"含量较高的行业，例如以影视行业为代表的文化创意产业。

◆ 智慧产业中各种不同类型的"智慧"

庄一召在《关于智慧产业》中，根据智慧在智慧经济中的不同表现形式，将产业分为创新性智慧产业、发现性智慧产业和规整性智慧产业：

● 创新性智慧产业：主要指从无到有地创造或发明新的东西。如策划、广告、软件、影视、艺术等都需要全新的创新。

● 发现性智慧产业：主要指发现本来就存在，但随着时代发展、认识提高或科技进步，被新认知的东西。一些科学研究，如天文、物理、考古、地理学等可以归属于这个范畴，另外，新闻由于涉及深度加工，也可以属于发现性智慧产业的范畴。

● 规整性智慧产业：主要指可以运用现有的规则如法律、法规、制度、政策、方针、方法等来调整、梳理、矫正、改变已经存在的东西，如司法、会计、教育、培训、出版等都属于该范畴。

"人"作为创造智慧商品的主体，是智慧经济中的决定性要素和内在驱动力。而能够让人成为驱动力的直接原因，创造出大量高质量的"智慧资本"，需要通过：

（1）设置适应智慧经济时代的教育培养模式，大力培养拥有"智慧市民"素质的人才；

（2）搭建利于智慧创造的舞台和环境，对智慧产出进行科学、合理的配置、鼓励和保护，满足人才对职业发展前景与幸福感的双重期待；

（3）提倡智慧经济人才对于获得感、幸福感和安全感的正确理解，把握影响人民幸福感的因素，从而产出人文的、健康的、以提高人民福祉为目的的智慧成果。

> **延伸思考：**
>
> 1. 在信息化时代大发展的浪潮下，你认为城市未来的出行，是以公共交通为主，还是私人交通工具为主？
> 2. "智慧环境"在环境保护方面，与"生态城市"和"低碳城市"有什么范式上的不同？
> 3. 作为未来智慧城市的设计师，我们应该关注城市生活中的哪些人文因素？

第3章　智慧城市评价标准体系

● 导读问题 ●

1. 城市的"智慧"如何评判？
2. 城市之间的"智慧"的程度是否可比？

随着大量智慧城市建设工作在全球各地开展，每个城市都有各自的优缺点，如何知道什么样的城市作为一个智慧化的系统是更加合理的,更加值得他人学习呢？因此，指定一个客观公正的评价体系，对一个城市的智慧化水平及其合理性进行分析，有利于人们将该城市与其他类似的城市进行横向对比，从而更好地了解该城市本身在智慧建设层面上处于什么样的水平、向智慧化迈进的程度、及其优缺点，对制定下一步的城市发展战略以及推动智慧城市的建设具有不可或缺的重要意义。

3.1　智慧城市评价指标

3.1.1　评价指标的选择

正如在之前篇章内所提到的，只有将人文与技术的智慧相结合，才能最大程度发挥出"智慧"的效果。这一特色也必须在评价指标内有所反映。有些评价体系因此融入了软硬指标相结合的方法（图3-1）。

软指标是以主观标准作为评判依据。例如，根据测评小组专家的经验和知识了解城市智慧项目的基本情况，以此确定智慧城市在该评价要素方面的质量；根据市民的主观体验，了解该智慧城市在市民幸福感、获得感方面所做工作的效果，例如他们关于政策法规、居民生活和政府管理等方面的评价和感受。

图3-1　在评价智慧城市的时候，需要把主观与客观的指标进行结合

硬指标是指以具体的统计数据为依据，如果是所有城市都能够采集到或

查询到的统计数据为最佳。但有时，会因为国情的差别，某些统计数据仅在某些国家可以获取，在另外一些国家则不能被获取，例如，各国使用的社交平台完全不同，因此相应的用户数量也就无法进行横向对比。硬指标体系一般包括但不限于智慧城市的以下三个方面：

● 信息化水平，例如信息网络的建设、信息资源的利用和信息产业的发展等；
● 智慧应用的水平，例如在教育、解决数字鸿沟等方面的情况；
● 创新水平，例如市民的科研水平、教育水平等。

软硬指标各有优劣，软指标考虑了个体意向，但缺乏客观理性的支撑，主观性强；硬指标则以理性或统计数据为依据，客观性强，可重复率高，但不够注重个人主观意愿。将两类指标有机结合、灵活使用，使得评价体系既可兼顾使用者的主观偏好，又注重客观事实。

针对智慧城市评价的情况，可以为不同的模块及其特性，赋予不同类型的指标。例如，对于智慧城市中信息基础设施层的建设质量评价，通常较少涉及居民感受，故宜采用硬指标以及基于客观分析的方法进行计算。智慧应用的服务效果评价则包括投入产出和效益以及居民使用感受等，宜采用软硬指标结合的评价方法。

3.1.2　评价指标的特点

智慧城市与其他较为成熟的评价系统相比，较为明显的不同在于其动态性和对于未来发展方向的引导性。世界各国的智慧城市尚都还处于起步阶段，各自的发展起点和速度也不尽相同，因此需要认识到智慧城市建设本身是一个不断发展、改善、调整的过程，其评价指标也就需要考虑其本身的水平、功能定位、发展潜力、社会和科学现状进行动态调整。过于苛刻的指标会起到拔苗助长的作用，而过低的要求则会无法起到引导智慧城市发展的作用。

所制定的指标要对含义、统计口径和适用范围给予清晰的表述，并且确保需要的数据是可采集、可量化和具有代表性的。模棱两可的指标和没有代表性的数据既在实践操作上带来非常大的困难，同时也无法做到对智慧城市的效益进行理性、客观的评价。

个别城市在满足基本智慧城市要求之外，可能还需要额外制定适合自己的次级评价系统。该系统的指标需要体现城市的个性和发展特色，以避免该智慧城市建设形成模式化和"千人一面"的局面。

由此可见，智慧城市评价体系通过对智慧城市建设成果进行量化计算、科学评测，起到引领、监测、指导、评估智慧城市水平的作用。评价体系在一定程度上反映出了人们对智慧城市的了解和期望。各城市可根据自身的功能定位和发展特点，在基本指标的基础上，附加适合自身特色的辅助性指标。

3.1.3　评价指标的权重

指标的权重反映了其在整体评估中所占的比重。权重越大，该指标对最终结果的影响力越大。

软硬指标的权重可以由专家根据经验来进行确定。但不同专家给予各个指标的权重出入较大，可能造成权重的平均化，很难保证指标权重的科学性。

硬指标的权重还可以依据指标本身实际的、具体的、精确的数据，根据一定的计算方法（例如，主成分分析法、均方差法等），计算得到每个指标的权重，从而使之受主观的、人为的因素影响最小化。

3.1.4　综合评价

确定评价指标及其权重之后，就可以采用适当的方法对其进行组合应用了，例如综合指数法、TOPSIS（Technique for Order Preference by Similarity to an Ideal Solution）法等。各方法都各有利弊，各具特色。不同评价对象适用不同的评价方法，怎样使评价法更为准确和科学，是值得不断研究的课题。

总之，智慧城市的建设工作是一个长期发展和不断完善的过程，需要人们定期、分阶段对建设效果进行理性规范性的评估，及时发现需要纠正的地方，将成本和损失最小化。同时，科学、系统的评估也有助于识别出标杆城市和优秀应用案例，其中实践性强、可复制的优秀工程可以为智慧城市建设中遇到的共性问题、瓶颈问题提供相应的参考。

3.2　智慧城市评价标准范例

本章节选择了国内外四个有代表性的智慧城市评价方法，用于呈现评价指标的选择、权重的制定和综合评价等内容。第一个案例为《新型智慧城市评价指标》GB/T 33356—2016，是在我国被广泛使用的评价方法。在几年实践操作之后，人们将该评价方法中的软指标权重从 20% 提升到 40%，这也意味着人们对智慧城市应"以人民为中心"这个概念的认识是一个不断调整和加深的过程。

在第二个案例，智慧城市指数（Smart City Index）评价方法中，则更多依靠软指标——即市民感受来反映智慧城市建设的效果。

第三个案例，即智慧城市规划实施指数（Smart City Strategy Index），是通过检查该城市是否有智慧城市发展战略，制定战略之后的具体实施进展和效果这几项内容来评价智慧城市的建设效果。

第四个案例为德勤（Deloitte）在《智慧城市 2.0》报告中使用的评价方法，该方法的视角更偏向于产业和投资，对于该市民个体的关注与其他案例相比更弱一些。

这四个案例在指标体系的科学性方面（即客观真实）、可操作性方面（即指标可采集、可量化和具有代表性）、可比性方面（即指标含义、统计口径和适用范围清晰，保证可以在城市间进行横向比较）、导向性方面（即指标可以引导未来发展趋势）等均各有千秋，值得借鉴学习。

3.2.1　《新型智慧城市评价指标》GB/T 33356—2016

该评价标准于 2016 年开始实施，是在中央网信办、发改委等部门的指导下，根据国家城市发展战略需求制定的。这套评价指标体系突出"以人为本、惠民便民"的宗旨，注重城市居民的获得感、满意度和幸福感。该标准体系概览如图 3-2 所示，由客观指标和主观指标组成，客观指标分为成效类指标（用于客观反映智慧城市建设实效，包括 3 个一级指标和 13 个二级指标）和引导性指标（用于发现极具发展潜力的城市，包括 4 个一级指标和 7 个二级指标）组成，而主观指标为市民体验。该指标被认为是在我国开展智慧城市评价工作的重要依据，是引导我国各地智慧城市健康发展的重要手段，将为我国新型城镇化建设提供有力的保障和指导。

2016 年被称为国家新型智慧城市的元年，部际协调工作组研究决定以该标准为抓手，为全国的智慧城市建设质量提供了统一的评价标准，便于开展相关的评价工作。2017 年 7 月，首次全国新型智慧城市评价完成了指标填报、第三方测评、数据分析等各阶段既定任务，共对全国的 338 个地级以上城市中的 220 个城市进行了评价；市民体验调查共涉及 333 个城市的 190 多万份有效问卷，成为全球首创的评价指标体系最全、评价覆盖范围最广、网络化平台使用和第三方市民体验调查规模最大的智慧城市评估。该评估结果显示，我国 220 个城市平均得分为 58.03 分，最高分为 83.12 分，最低分为 27.09 分。在 220 个城市中，有 93 个城市处于准备期，即主要任务在于智

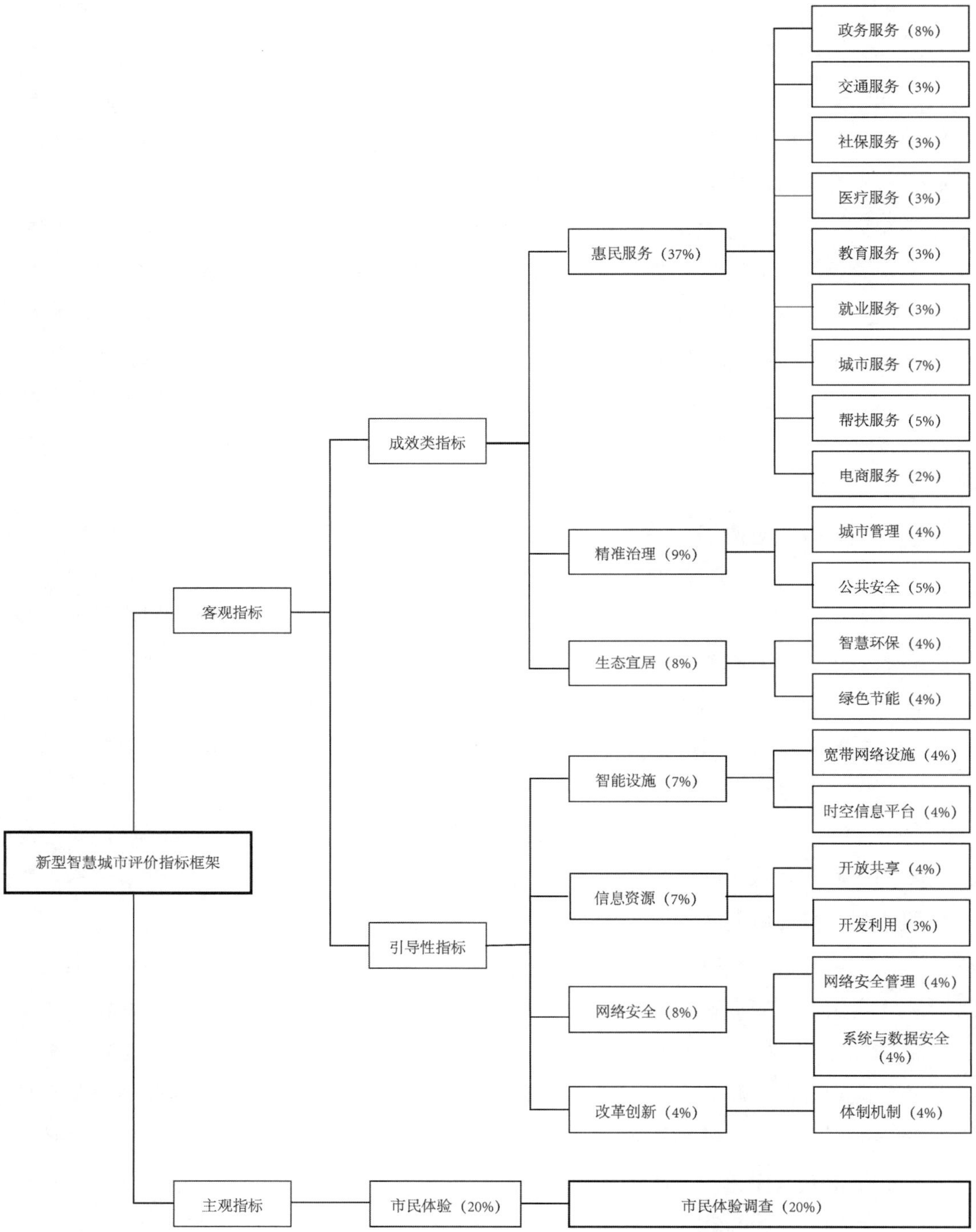

图 3-2　智慧城市评价指标（指标后的括号内为该指标的权重）

能设施建设和简单信息化应用；86 个处于起步期，即智能设施建设和信息化应用已经有一定基础；41 个城市处于成长期，即平台化、智能化应用服务等已经取得了初步成效；处于成熟期的城市暂时无。

2018 年开始的全国第二次智慧城市评价工作，则进一步突出了"以人民为中心"的核心理念，市民评价权重从 20% 提升到 40%。评价范围包括全国共计 275 个地级及以上城市（相比 2017 年增加了 23.18%），以及共计 53 个县和县级市。评价结果显示，我国处于起步期和成长期城市从两年前占比 57.7% 增长到 80%，而处于准备期的城市占比则从 42.3% 下降到 11.6%，许多城市已经开展了大量工作并取得良好成效。新型智慧城市已经进入从整体规划向全面落地过渡的新阶段，新技术应用驱动新发展和新变革，数据关键要素作用初步显现，多规融合应用逐渐普及，惠民服务从"能用"到"好用"不断升级。

3.2.2　智慧城市指数（Smart City Index）

该指数由瑞士洛桑国际管理发展学院（International Institute for Management Development, 简称 IMD）和新加坡科技设计大学（Singapore University of Technology and Design，简称 SUTD）联合设计并提出。在 2020 年度的报告中，一共对国际上 109 个城市中的 120 个市民，根据他们对于城市的印象进行了调研。调查分为两个板块，第一个为结构板块，所问的问题为城市中现有的基础设施。第二个为科技板块，所问的问题是该城市为市民所提供的技术和服务。每个板块都会涉及健康与安全、交通、活动、机会和政府这五个关键领域。所有的城市被根据联合国人类发展指数分为四组，之后会对每个城市与组内其他城市的相对评分进行评价。在 2020 年的评价排行榜中，新加坡（Singapore）、赫尔辛基（Helsinki）和苏黎世（Zurich）分为名列第一、二、三名。

智慧城市指数针对市民的问卷内容　　　　　　　　　　表 3-1

关键领域	结构板块	技术板块
健康与安全	· 基本卫生条件能够满足最贫困地区的需要 · 回收服务令人满意 · 公共安全不是问题 · 空气污染不是问题 · 医疗服务令人满意 · 找到租金占月薪 30% 或更少的住房不是问题	· 城市维护在线举报渠道提供了快速的解决问题的方法 · 网站或应用程序允许居民轻松捐献不再需要的物品 · 免费公共 WiFi 改善了获取城市服务的便捷性 · 闭路电视摄像机让居民感到更安全 · 网站或应用程序允许居民有效地监测空气污染情况 · 在线医疗预约系统改善了就诊条件

续表

关键领域	结构板块	技术板块
交通	· 交通拥堵不是问题 · 公共交通令人满意	· 汽车共享应用减少了交通拥堵的情况 · 将驾驶员引导到可用停车位的应用程序缩短了行程时间 · 可租赁的自行车减少了交通拥堵情况的发生 · 在线调度和门票销售使公共交通更加便捷 · 该市可通过手机提供交通拥堵的信息
活动	· 城市绿地令人满意 · 文化活动(展览、酒吧和博物馆)令人满意	· 在网上购买演出和博物馆展览的门票,使得参加这些活动更加方便
机会 (工作与教育)	· 就业咨询服务一应俱全 · 大多数孩子都能上到较好的学校 · 当地机构提供终身学习的机会 · 企业正在创造新的就业机会 · 少数族群认为自己受到欢迎	· 在线访问工作机会的列表使得找工作变得更加容易 · 工厂技能在学校能够很好地被教授 · 城市所提供的在线服务使得创业更加容易 · 当前的互联网速度和可靠性满足了人们对于网络连接的需求
政府	· 有关地方政府决策的信息很容易能够获取 · 城市官员的腐败问题并不令人关注 · 居民为地方政府的决策做出了贡献 · 居民提供了针对地方政府项目的反馈	· 公众能够在线获取城市财政信息,从而有效地减少了腐败现象 · 在线投票增加了市民对于政府决策的参与度 · 提供居民可以提出自己想法的在线平台有效地改善了城市的生活 · 在线办理身份证明文件,有效地缩短了等待的时间

该调查的侧重点在于从以人为本的角度,对智慧城市运营的效果进行评价(见表3-1)。

3.2.3 智慧城市规划实施指数

智慧城市规划实施指数(Smart City Strategy Index)是由罗兰·伯杰(Roland Berger)国际咨询公司设计的,用于评价智慧城市是否有公开智慧城市路线图,以及其实施的进度如何。有一个整体战略意味着该城市对智慧城市的顶层设计做了提前布局,从而避免了技术的简单堆砌,有助于制定跨领域的整体性解决方案,并且对实施有相应的时间进度和责任制要求。

在2019年,Roland Berger国际咨询公司从三个维度、12个评价标准以及31个子标准(图3-3)出发,对全球约五百个城市进行了评估。这三个维度分别为规划维度(占比30%)、基础设施和政策维度(占比20%),以及具体行动维度(占比50%)。由此可见,该指数十分重视制定智慧城市发展路线之后,是否有具体的行动

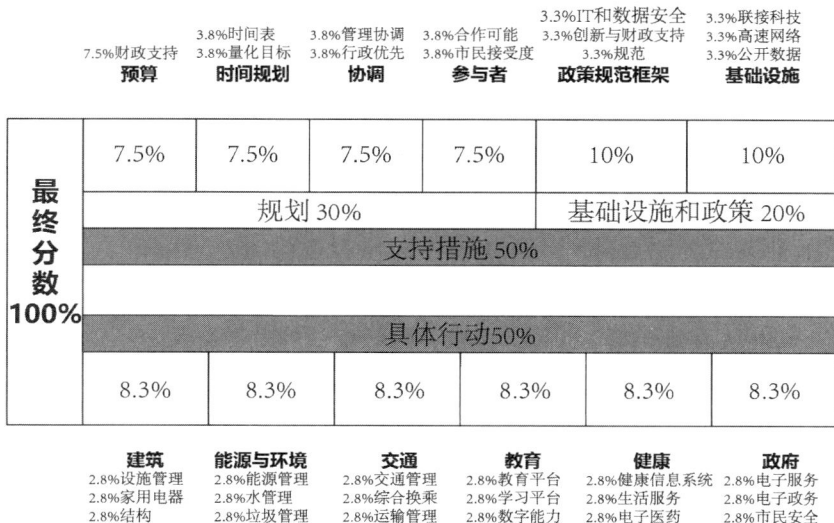

图 3-3　智慧城市路线图指数中的各个维度、标准、子标准及其评价占比率

措施以及其实施程度。在该评价标准中，最佳评分为 100 分。

　　根据所形成的评价报告，在所选定的五百多个城市中，仅有 153 个城市公开了正式的智慧城市发展路线计划。其中，欧美城市占比较大，但亚洲城市在总体得分上表现最好。该报告发现，全部 153 个城市的平均得分为 41 分。只有 15 个城市（10%）达到或超过 60 分，这表明他们拥有一个全面的智慧城市战略计划，并且有效地进行了实施；40% 的城市得分在 40 到 60 分之间；50% 的城市得分低于 40 分。我国上海（68分）、重庆（66分）、深圳（65分）、大连（63分）和广州（61分）均有制定和实施非常得当的智慧城市五年计划。

　　在 12 项标准和 31 项子标准中，各个城市的平均得分差异很大（图 3-4）。一般来讲，在规划维度中普遍获得的评分最高，特别是在参与者（平均分为 62）和各方协调（平均分为 51 分）这两个子标准中普遍处理得较好。在通信基础设施和政策方面的得分紧随其后，而具体行动维度中普遍得分最低，特别是在健康（平均分为 20 分）和建筑（平均分为 22 分）这两个标准中得分最低，全部城市在具体行动维度平均仅能够获得 33 分，也就是说在这些领域，几乎查不到任何相关活动、目标以及实施计划。

　　总的来说，得分较高的城市通常会有特定的重点侧重领域。总分较高的那些城市，他们在规划维度、基础设施和政策维度所获得的分数，与具体行动维度上所获得的分数差距较小。这意味着他们非常认真地对待项目的实施和目标。

　　表现最好的前三名城市分别为奥地利的维也纳（Vienne）（总分 74 分）、英国

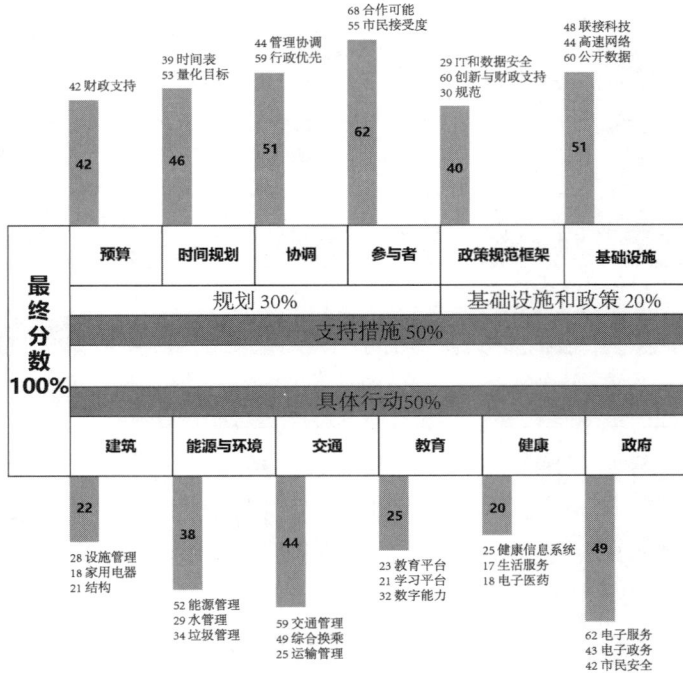

图 3-4   全部 153 个城市在各方面的平均评分

伦敦（London）（总分 73 分）和加拿大的圣阿尔贝特（St. Albert）（总分 72 分）。

中外智慧城市的具体差异，主要体现在以下四个方面：

（1）在 ICT 基础设施建设方面，中国重视在新型城镇化进程中同步数字化增值，国外城市则在建设 ICT 基础设施的同时，注重收集城市数据，搭建智慧网络。

（2）在建设 ICT 基础设施基础上，中国注重在城市层面提升市民智慧生活，国外城市注重以人为核心，从市民需求入手进行智慧提升。

（3）在系统化平台建设管理运营方面，国内与国外皆致力于平台完善工作，在城市数字化、智慧化进程中，设立数据中心进行城市系统管理运营在垂直与水平阶层的整合工作。

（4）在发展模式方面，公私合作模式呈现普及的趋势，当代智慧城市无论中外，公私合作模式已成主流，公私合作、三方合作模式将进一步促进智慧城市的发展。

3.2.4   《超级智能城市 2.0，人工智能引领新风向（2020）》

德勤在 2020 年所发布的《智慧城市 2.0》[1] 中统计出，目前全球已启动或在建的

---

1   由德勤政府及公共服务行业和德勤科技、传媒和电信行业携手德勤研究团队联合编写。

智慧城市已达 1000 多个，中国在建的智慧城市大约有 500 个，而排名第二的欧洲约有 240 个。该报告从四个维度（表 3-2），即长期战略规划（智能战略）、技术基础设施支持（技术能力）、城市在水平和垂直方向上的智慧程度（领域渗透）、可持续创新能力（创新能力），对我国的 26 个城市进行了系统分析和打分，以确定它们与理想智慧城市之间的差距（图 3-5、图 3-6）。

超级智能城市评价指标体系　　　　　　　　　　　　表 3-2

一级指标	二级指标	二级指标内容
智能战略	战略全面性	城市智慧建设规划及相关政策在六大领域（经济、安防、生活、交通、教育、环境）覆盖程度
	战略执行力	地方政府、规划部门以及管理者对智慧城市建设规划相关事宜的执行力度、跟进程度和政策制定的时效性
	战略前瞻性	城市所建立的智慧城市建设跨时间协调程度，通过建立短、中、长期不同时间维度的城市规划提升智慧建设水平和管理水平
	投资金额	智慧城市框架下，所建设的市场化投、融资机制完善性及成果
	在线政府指数	地方政府网站提供的信息公开、在线办事、网络问政、政民互动、科学决策成效
技术能力	物联网	城市物联网产业建设规模
	人工智能	人工智能技术及其产业的发展水平
	云计算	地方云计算中心数量，政府云计算中心建设情况
	宽带网络	全市宽带普及程度
	大数据	大数据相关的政策环境、投资热度、产业发展、人才状况、网民信息五项评价的平均值
领域渗透	经济	智能物流、智能零售、智能产业、移动支付和移动设备应用情况
	安防	城市监控摄像头的分布密度、城市安防监控系统建设情况
	生活	社区公共服务设施和医疗信息系统的普及程度，居民电子健康档案平台的建成情况
	交通	—
	教育	学校、家庭和公共场所的智慧学习环境质量和学习资源的便捷度和水平
	环境	城市环境信息集成系统、公共环境质量检测和管理服务系统的建设水平和应用成效，城市中单位 GDP 能耗减少的幅度
创新能力	创新基础	创新基础、创新环境
	创新可持续性	创新投入、创新产业、创新可持续发展生产力
	创新人才	人才规模、人才结构、人才发展

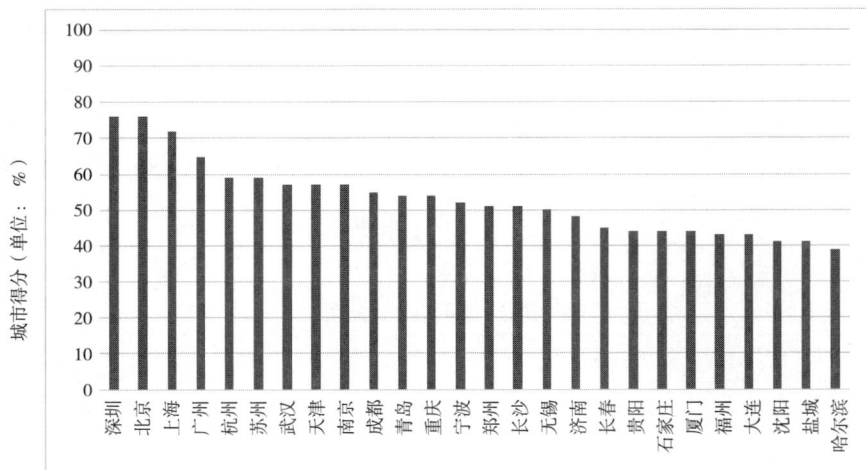

图 3-5　中国超级智能城市排名

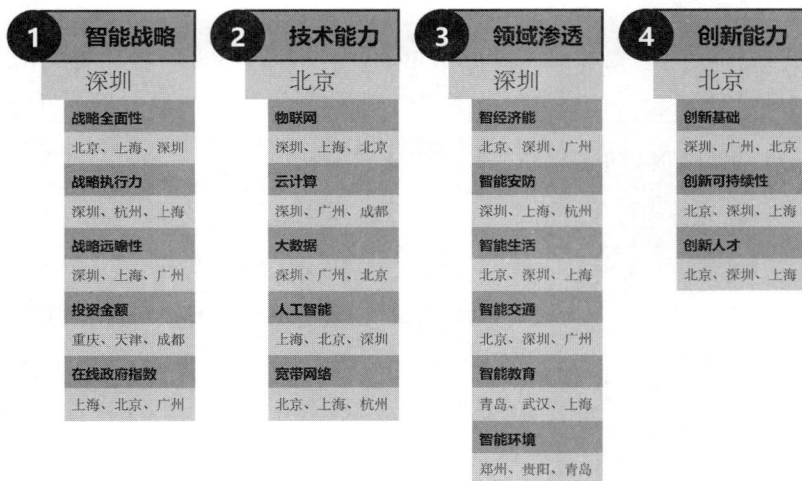

图 3-6　我国在四大核心领域领先的超级智能城市

3.3　智慧城市评价标准的意义和局限性

目前，国际上所采用的智慧城市评价标准，不仅仅只有如前文所列举的四个智慧城市的范例，每隔一段时间，总会又有新的评价标准被发布出来。每个标准所涵盖的评价范围不一而同，各有优劣。那么在智慧城市中，政府、企业、研究型单位和市民作为智慧城市运营管理中四个重要的角色，应该如何选择评价标准作为合适的衡量工具呢？是应该选择覆盖面广而全的，还是应该根据各个角色有着不同的需求，选择细而专的呢？

智慧城市研究学者沙里飞（A. Sharifi）[1] 认为，智慧城市评价指标体系应覆盖经济（例如，创业、财政、旅游、就业、生产等）、市民（例如，教育、运用 ICT 的能力等）、管理（例如，法律框架、公众服务等）、环境（例如，规划设计、资源管理、能源管理等）、生活（例如，社会凝聚力、社会公平、医疗保健等）、交通（例如，交通基础设施、交通运营管理等）、数据（例如，数据公开程度、数据可获取程度等）等七个主题。

对于政府和管理部门来讲，一个覆盖面广而全的智慧城市评价指标体系可有助于了解城市整体的智慧化水平和可持续发展能力。一方面可发现城市自身的优劣势，由此可对智慧城市的规划和发展形成指导作用；另一方面可用于跟踪所设定的智慧化目标和指标的达成情况，甚至可以通过智慧城市建设项目的技术指标，识别出示范智慧建设项目，以便对其经验教训进行学习。然而政府和管理部门相比其他角色，会更加关注与衡量城市的可持续发展能力和综合竞争力相关的、专而精的评价指标，诸如，评价体系中与经济、管理、环境等相关指标。这些指标主要是用于监测智慧城市在发展过程中所取得的各项业绩，以改善城市在投资者、智慧产业从业者和公众眼中的国际形象和竞争地位；同时还可用于验证政府在智慧城市中的投资和干预所获得的收益、了解智慧城市建设项目对社会经济和环境所造成的影响；甚至可以通过由相关指标所得出的结果，来促进各利益方之间的沟通与合作，从而改善政府及其管理者对各类资源的统筹和调动。

对于企业来讲，其关注点更着重于在经济、管理、交通和数据等方面。通过这些评价指标所得出的结果，可用于对已建成的或在建的项目进行循证评估；也可以帮助企业家们，以科学理性的方法，确定投资资金分配的优先次序和评估潜在的商业机会。

研究型单位一般可在制定智慧城市发展规划战略方面起到辅助作用，因此他们所关注和需要的评价指标一般会更专业化，侧重点也更加聚焦于某些特定的领域。

市民是在智慧城市中生活、工作的人们，因此他们对于城市管理运营方面的优劣有着极为切身的体会。智慧城市评价指标可以帮助市民以直观的方式，认识到智慧城市及其建设项目所带来的种种益处。因此，他们会更关注于跟生活息息相关的那些评

1　详见论文 A critical review of selected smart city assessment tools and indicator sets. 作者 Ayyoob Sharifi，期刊来源：Journal of Cleaner Production, 2019 年第 233 期，1269–1283 页。

价指标，例如，电子支付和移动网络普及率的大幅度提升使得市民的生活便利程度得到了明显的改善。

由此可见，智慧城市评价指标体系作为一个衡量工具，人们应该对它有一个合理的预期。如果其衡量指标的覆盖面广而全，那么它可以帮助人们对该城市与其他城市在智慧发展程度上进行横向比较。如果想要了解某些特定领域的智慧化程度，则需要更加精细的、专业化的衡量评价指标。例如，由于创新和信息通信技术是智慧城市建设发展的前提条件，因此很多智慧城市评价指标体系定制与此相关的评价指标就更加细致，而相对于经济和市民方面则没有给予相同程度的重视。

另外需要强调是，选择智慧城市评价指标体系的时候，应谨记智慧城市是不断发展的，因此需要特别注意如果评价指标为静态指标，那么它是否是针对特定时间段而设置的；如果评价指标体系使用的是动态指标，那么在每一次评估中，评价指标的基准线就应该随着智慧城市建设进程而进行改变，从而能够更加科学地反映出城市的发展水平。

延伸思考：

1. 国内外智慧城市评估体系各自注重哪些方面？
2. 智慧城市的评估体系还应该涉及城市哪些方面？

第 1 篇主要参考文献

[1] T. Pollard, O. A. Pollard. Smart Growth: The Promise, Politics and Potential Pitfalls of Emerging Growth Management Strategies [J]. Virginia Environmental Law Journal, 2000, 19(3): 247–285.

[2] M. Finger. Smart City – Hype and/or Reality? [J]. IGLUS (Innovative Governance of Large Urban Systems) – Quarterly, 2018, 4(1): 2–6.

[3] 中国网络空间研究院 . 世界互联网发展报告 2021（世界互联网大会蓝皮书）[M]. 北京：电子工业出版社，2021.

[4] 中央网络安全和信息化委员会办公室，中华人民共和国国家互联网信息办公室，中国互联网络信息中心 . 第 47 次《中国互联网络发展状况统计报告》[R]. 2021. http://www.cac.gov.cn/2021–02/03/c_1613923423079314.htm

[5] 国家标准化管理委员会 . 国家标准委发布《新型智慧城市评价指标》等 292 项国家标准 2016 [2022.04.22]. http://www.sac.gov.cn/xw/bzhxw/201612/t20161222_220913.htm

[6] 林念修，庄荣文 . 新型智慧城市发展报告 [M]. 北京：中国计划出版社，2017.

[7] 林念修，杨小伟 . 新型智慧城市发展报告 2018–2019[M]. 北京：中国发展出版社，2020.

[8] 刘伦，刘合林，王谦，等 . 大数据时代的智慧城市规划：国际经验 [J]. 国际城市规划,2014,29（6）：38–43.

延伸阅读网络资料库：

第 1 篇：智慧城市理论——二维码网络数据资料库

第 2 篇

智慧城市技术

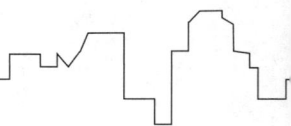

第 4 章　智慧城市总体技术架构

● **导读问题** ●

1. 由 ICT 支撑的智慧城市技术构架是怎样构建的？
2. 数字孪生的存在意义是什么？

　　每天我们都会从新闻报道上看到与智慧城市相关的新兴理念和技术。它们的种类繁多，令人眼花缭乱，包括大数据、人工智能、云储存、物联网等。这些理念和技术所涉及的尺度也大小不一，大到千百万人口的城市、智慧管廊，小到智能手表、各类芯片。这类文章的作者也有着不同的学科背景，各自都从自身熟悉的角度突出他们所认为的智慧城市的不同特征。由于本书主要面向来自于建筑学、城乡规划及其相关专业的学生，因此所关注的重点更倾向于社会学家的理解，即利用 ICT 技术和理念，创造更加宜居、高效率的社区 / 聚集地 / 城市（图 4-1）。

　　参考我国《智慧城市技术参考模型》GB/T 34678—2017，智慧城市模型可以从建设周期、应用领域和技术要素三个方面进行描述（图 4-2），其中：

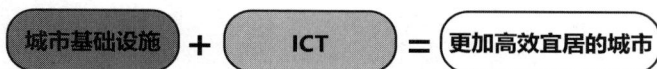

图 4-1　利用信息通信技术创造更加宜居的城市

（1）建设周期：指的是建设过程中的规划阶段、设计阶段、建设阶段和运维阶段。

（2）应用领域：智慧城市的应用领域包括特定行业领域和综合型应用领域。

（3）技术要素：主要是指支撑智慧城市建设过程实现各项功能所需要的 ICT 技术相关要素，可分为层级要素和支撑体系。层级要素包括"物联感知""网络通信""计算与储存""数据

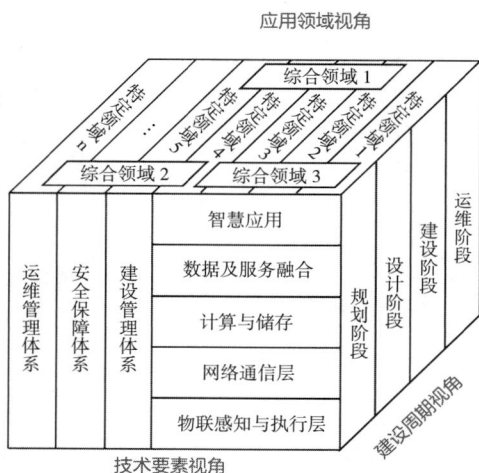

图 4-2　智慧城市模型

及服务融合"以及"智慧应用"五个方面相关的技术要素。支撑体系包括"建设管理体系""安全保障体系"和"运维管理体系"三个支撑体系（图 4-2）。

　　本章节以 ICT 技术为视角，介绍新兴智慧技术成果和手段，让建筑类专业人士了解和掌握在设计理念上所带来的新的挑战和机遇。图 4-3 为智慧城市由 ICT 支撑的技术构架，如前所述，它包含有五个层次要素和三个支撑体系。各个层级要素之间，上层对其下层具有依赖关系；支撑体系则对五个层次要素皆具有支持和约束的关系。建筑类专业的设计者，可以通过所收集的大数据，对智慧城市的功能、空间进行优化，从而依托技术平台、手机 APP、应用程序等在内的多种渠道，让社会公众、企业、政府享受和使用相关的服务或产品，从最终的智慧应用中获益。

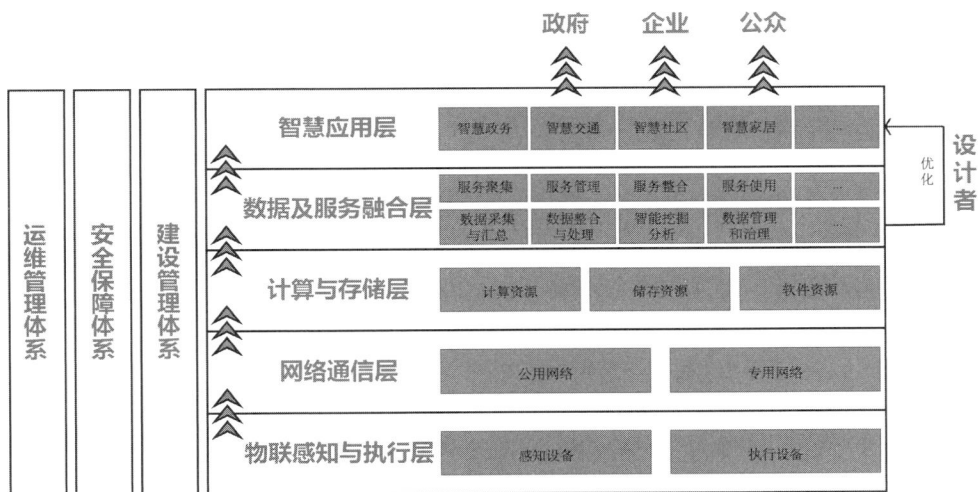

图 4-3　基于 ICT 的智慧城市技术构架

五个层次要素：

　　（1）智慧应用要素在最上层，是在数据及服务融合层、计算与储存层、网络通信层、物联感知与执行层的基础之上，为特定行业搭建的智慧应用（例如，智慧交通、智慧医疗、智慧家居等），或者为涉及较多跨行业、跨部门协作而搭建的集成业务应用（例如，智慧社区、智慧园区等）。

　　（2）数据及服务融合要素层：通过数据和服务的融合，为构建上层各类智慧应用提供支撑、为智慧城市功能、布局提供优化依据，本层具有重要的承上启下的作用。

　　（3）计算与储存要素层：为智慧城市提供软件，以及配套的软件环境资源、计算资源和储存资源，对数据融合层的数据需求起到保障作用。

（4）网络通信要素层：包括互联网、电信网、广播电视网以及三网之间的融合的公共网络，以及一些专用的网络（如：集群专网），为智慧城市提供大容量、高宽带、高可靠性的光网络和全程覆盖式无线宽带网络所组成的网络通信基础设施。

（5）物联感知与执行要素层：处于技术参考模型的最基础层，通过感知设备和执行设备，分别对环境、空间和事物实现智能感知和控制。

三个支撑体系均渗透在所有的层次要素：

（1）建设管理体系：为智慧城市建设提供整体的建设管理要求，加强智慧城市建设管理机制，指导智慧城市相关建设，确保智慧城市建设的科学性和合理性；

（2）安全保障体系：为智慧城市建设构建统一的安全平台，实现统一入口，统一认证、统一授权、运行跟踪、应急响应等安全机制；

（3）运维管理体系：为智慧城市建设提供整体的运维管理机制，确保智慧城市整体的建设管理和长效运行。

将这些层级要素在支撑体系下有机地进行结合，一方面对城市的基础设施的服务供给进行数据采集和控制，另一方面对用户需求的数据进行记录，通过各种匹配算法，既能使得城市的供给能够更为有效地利用起来，也能使得用户的需求得到更加适时的满足，由此使供给与需求得到了最大程度上的匹配（图4-4）。

最显而易见的例子就是以滴滴出行为代表的网约车平台：通过对用户和汽车所处的位置以及汽车本身的载客状态，迅速对乘客的需求和汽车所能提供的服务进行匹配，从而大大地提高了汽车的利用率和订单的精确度。乘客也通过平台，享受了包括专车、出租车、拼车、顺风车在内的各类新型服务，满足了乘客多样化的出行需求（图4-5）。

清华大学的龙瀛教授及其团队从城市公共空间的设计与治理入手，认为智慧技术和大数据使得人们从更加综合、全局、整合的视角去对城市公共空间进行审视。如图4-6所示，在感知监测阶段，安装在固定站点的，以及各类交通工具和人们携

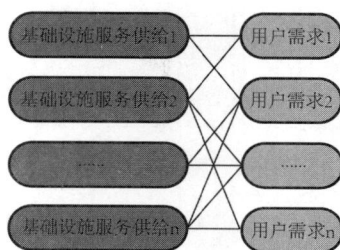

图4-4　在智慧城市中，供给与需求得到了有效的匹配

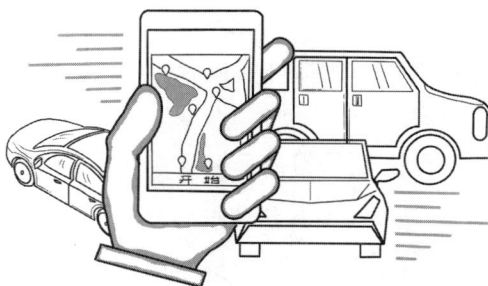

图4-5　网约车满足人们多样化出行需求

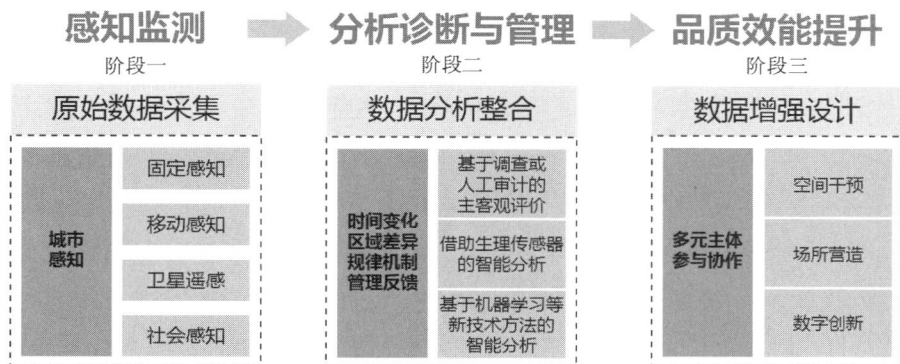

图 4-6　城市公共空间在技术驱动下精细化治理的三个阶段

带的各类传感器，可以对空间、交通工具、人的状态和行为进行信息采集；在数据分析整合阶段，则可以对上一阶段所收录的信息进行分析，提取出可以映射空间特征的各项参数，从而多维度地对因果关系和其背后的规律机制进行分析总结，由此形成动态的检测与管理反馈机制；在品质效能提升阶段，人们可以利用各种智慧化手段及智能设施，结合传统的空间干预和场所营造设计手法，将城市空间打造为智慧城市的空间投影和载体，对城市公共空间的品质效能进行提升。

随着收集数据的手段越来越多样化，数据存储能力日渐强大，已经可以做到将越来越多物理世界中的信息，以数据的形式复制储存到一个平行的数字世界中。小到个人呼吸中的含氧量、大到整个城市的能耗，每一个发生的事件，都可以被转换成数字的形式记录下来，即衍生出一个与现实世界一一对应的数字孪生世界。现实与数字孪生世界形成了两大体系，两大体系相互依存，数字孪生世界紧随着现实世界的发展而发展，但同时，数字孪生世界又可以对现实世界的发展造成影响。例如，在数字孪生世界里对交通信号灯的时长进行设置，从而对现实世界中的城市交通形成引导控制作用。

数字孪生世界存在的意义并不仅是对物理世界进行记录，其更重要的作用是服务于物理世界，让现实世界变得更加高效与美好宜居（图 4-7）。通过对现实世界实现全要素数

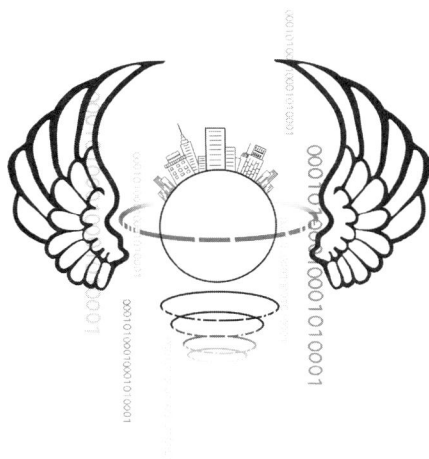

图 4-7　数字孪生既服务于现实世界，又是现实世界的"守护天使"

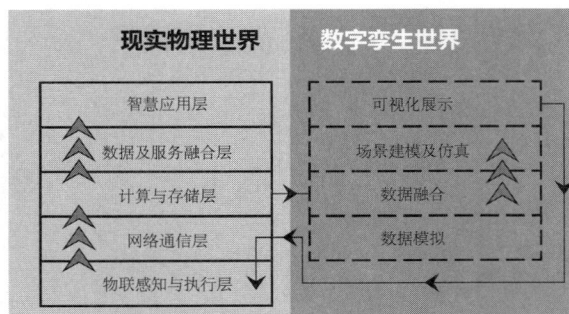

图 4-8　数字孪生世界是利用数字信息对现实物理世界形成映射

字化和虚拟化、对城市状态实现实时化和可视化，在利用数据对现实世界有了充分全面的了解之后，便可实现基于数据驱动的城市管理决策协同化。更重要的是，数字孪生世界可以对现实世界进行柔性仿真（Flexible simulation）。也就是说，可以在数字孪生世界的仿生系统里，针对同一个场景的各种决策所可能导致的种种后果进行一一模拟，从而根据模拟结果选出最佳的决策。例如，可以在数字孪生城市中，通过对各种建筑的形态所导致的城市热岛效应进行模拟，并从中选出对市民最舒适的设计方案。对现实世界进行柔性仿真的优点是：一方面可以以一种前置或预测的方式指导和优化实体城市的规划、建设和管理，有效增强市民的幸福感；另一方面，可以大幅度减少在现实世界中资金、人力和物力的投入和损失。

数字孪生世界的本质是现实世界在虚拟空间的映射。它与现实物理世界中智慧城市技术架构的连接点在于数字存储层（图 4-8）。感知设备负责提取现实物理世界中的数据，并且通过网络通信设备将数据信息传递到存储设备中，数字孪生世界提取这部分数据之后，进行数据融合、搭建数字世界的模型、对现实世界中的各种场景进行仿真模拟。之后，借助可视化工具，对模拟的结果进行直观表达，从而供负责人选择最优方案。最优方案的参数最后通过网络设备传送到执行设备，对现实世界产生实际作用。

如果说数字城市是将传统的城市进行数字化，即利用计算机、互联网等技术将物理现实城市的信息相结合，那么数字孪生城市是数字城市期待达到的愿景和目标。数字孪生城市是智慧城市建设的新起点，是实现城市智慧化的重要基础设施和基础能力。只有在数字孪生世界的平行运转下，与现实中的世界进行虚实融合，智慧城市才能够发挥出最大的潜力。

延伸思考：

1. 建筑绘图是否算数字孪生的一种？

2. 数字孪生技术在城市规划与建筑设计领域会带来怎样的变革？

第5章 智慧城市技术架构的关键技术

● 导读问题 ●

1. 大数据需要满足的三个基本要求是什么？
2. 在智慧城市中，计算资源和储存资源的灵活性体现在哪些方面？

基于第4章所介绍的智慧城市技术构架，本章将分别对5个层次要素所涉及的关键技术由下至上进行讲解和举例。由于新兴的技术永远会层出不穷，因此本章内容的重点并不在于罗列当今高新技术，而是更注重于讲述各层次的基本要求和发展趋势，并且结合相应的技术案例进行阐述。最后，对基于ICT技术的智慧城市技术构架中的三个支撑体系所起到的作用进行介绍。

5.1 物联感知与执行层关键技术

如第4章所述，物联感知与执行层是智慧城市技术架构的基础层。其主要是通过感知设备，对环境、空间和事物实现智能感知，并且将所感知到的信息，以数据的形式输送到智慧城市技术构架的其他层。当以"城市大脑"为代表的中枢控制部门对数据进行分析，做出决策后，会把这个决策再次以数据的形式告知执行设备，由执行设备对现实物理世界施加影响和产生作用。因此，感知设备和执行设备就像是"翻译器"，负责现实与虚拟世界之间的沟通，前者负责将现实物理世界的各类事物、状态转换成数字信息，后者则是将数字信息转换成可以影响现实中的事物和状态的作用力（图5-1）。

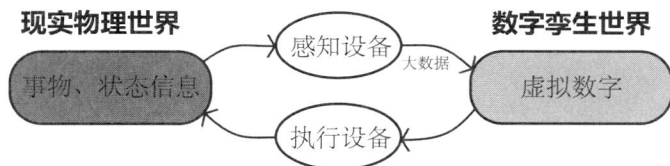

图5-1 感知设备和执行设备是现实与虚拟世界信息之间的"翻译器"

5.1.1　大数据

　　2001 年，麦塔集团 (META Group) 的分析师莱尼（Dough Laney）在他所撰写的分析报告 [1] 中，认为数据增长的挑战主要来自于三个维度：规模性（Volume）、高速性 (Velocity) 和多样性（Variety）。之后，这三个以 V 开始的英文单词，被人们统称为 3V（图 5-2）。现如今，3V 已经成为大数据的基本特征。其中，规模性意味着人们对事物和状态的取样数量的规模。取样数量和密度越大，意味着用于还原事物或状态"画像"的"像素"越多，"画像"则越清晰。多样性则意味着能够以不同的角度和形式，立体地对事物或者状态的"画像"进行描述。数据的高速性则表示信息的获取、传输、分析等步骤的速度，可以保证所展现的事物或者状态的"图像"与它们在现实物理世界中的当前情况相符，而不是其已经滞后或失效的。随着大数据的持续发展，人们对其认识也在不断加深。在原有的 3V 基础上，人们还增加了例如准确性（Veracity，即数据需要真实、准确）、可视性（Visualization，数据的可视化表达）等，从而形成了大数据需要满足 5V、6V 甚至 8V 等特征的结论。

　　智慧城市需要大数据，因为掌握足够的信息（即数据）是智慧的前提。过少或过于片面的数据可能让人们无法认清"事 / 态"的整体情况，并且也找不到事物之间的相关性。全面感知城市中的事物及其运行状态，是智慧城市的根本，它为智慧城市的运营管理决策提供科学的依据。

　　而大数据之所以能够存在，是因为从互联网 2.0 时代开始，网络通信技术全面发展，

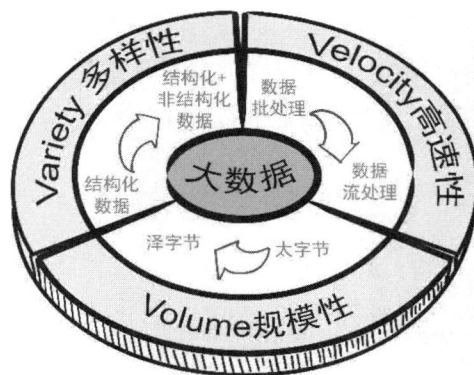

图 5-2　大数据的 3V 特征

1　报告的题目为"三维运营：管理数据的规模、速度和多样性"(3D Management: Controlling Data Volume, Velocity and Variety)

特别是互联网、移动通信设备以及感知设备
的大量普及，使得生产和传输数据的代价越
来越低。人们开始主动地、随时随地地产生
数据（图5-3），从而使得数据的产生量呈
级数形式地增长。

图 5-3　因特网上的一分钟（2019 年）

有人统计出在 2019 年的一分钟里……

● 有 188 万封电子邮件被寄出

● 有 390030 个手机应用被下载

● 有 4160 万条短信被发送

● 某搜索引擎上面有 380 万次搜索请求被提交

5.1.2　感知设备

根据国家标准《智慧城市 技术参考模型》GB/T 34678—2017，感知设备不仅用
于各种信息的获取和采集，也用于实现对智慧城市各个单元的全面感知和识别。其所
感知的信息包含但不限于环境信息（例如，温度、湿度、空气中的 PM2.5 含量）、图
像信息（例如，利用监控镜头进行人员跟踪等）、身份信息（例如，人脸信息）、位
置信息（例如，使用 GPS 对所处位置的定位）、文字信息（例如，电子邮件和短信）
和其他类型的信息。最终，这些所收集的信息都需要通过网络通信层，输送到存储设
备进行存储、处理和分析。

感知设备按照其运动状态，可分
为静态感知设备和动态感知设备。其
中，静态感知设备为传统的、在固定
方位对周边"事 / 态"信息进行记录的
设施。例如，马路上的交通监控摄像
头，就是在固定方位对机动车闯红灯、
逆行、超速、越线行驶和违例停靠等
违章行为进行全天候的监视。目前，
静态感知设备有向综合化发展的趋势，
例如，智慧杆塔将多种设备和传感器在
一个路灯上进行综合，实现"一杆多载"

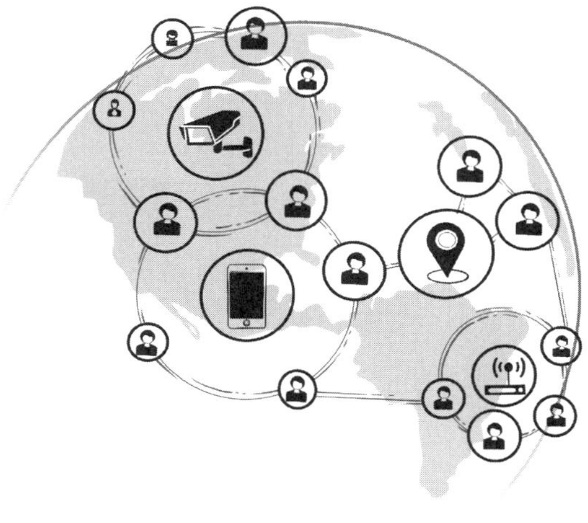

图 5-4　移动设备的群智感知

的形式。然而，静态感知设备存在部署成本高、覆盖范围有限等不足，难以满足城市空间大规模精细化的感知需求。

群智感知（Crowd Sensing）则是由众多且分散广的参与者使用移动设备（例如智能手机、可穿戴设备、车载设备等）在现场收集可靠数据的一种动态感知方法（图5-4）。这种数据采集方法更加灵活、机动且成本低廉。如果配上无线感知技术（Wireless Sensing），就可以实现覆盖范围更加广泛、灵活性更强的移动群智感知（Mobile Crowd Sensing）数据采集方法，即以大量分布广泛的、灵活移动的用户及携带的智能设备作为感知节点，实现大规模的时空感知。例如，利用手机信令数据对居民出行或者通勤规律进行调查。目前，已有很多相应的便捷小工具供建筑类专业的人们使用。例如，有些小程序可以在负责人创建调研任务之后，由其他调研人员拍摄大量调研区域的照片并且自动上传到系统。系统基于图像识别技术，可以自动统计照片里的绿视率、车流量、人流量。通过替代研究人员进行简单重复的识别和计数工作，并进行多人协同的调研项目管理，以此可以很方便地实现移动群智感知的目的。

5.1.3　执行设备

根据《智慧城市 技术参考模型》GB/T 34678—2017，执行设备是各种智慧城市应用和用户对智慧城市的基础设施、环境、设备和人员等要素进行管理和控制的执行器，使智慧城市具有根据应用和指令进行自动或者手动调控的功能。智慧城市的执行设备包括但不仅限于环境控制设备（例如，空调可根据指令对室内温度进行调解）、电子警示设备，涉及城市范围内的空间划分、场所营造能源调配、运输服务的调控、安全防护等多方面。

5.2　网络通信层

物联网作为智慧城市的技术基础，需要在网络通信层实现物物、人物和人人之间的信息互联，支撑起智慧城市中形形色色的应用。而"网络"可以理解为一切将人和物之间进行相联的网络形式的总和。狭义上，网络通信层是为了物联网的感知数据和控制信息的通信功能，帮助感知与执行层的相关数据信息，通过各种形式的网络，实现存储、分析、处理、传递、查询和管理等多种功能。广义上，网络通信层可以随着各种形式的网络技术发展而不断延伸，也可以根据智慧城市的新需求而不断发展，甚至可以摆脱现有网络形式的束缚，以其他更利于承载物联网发展使命的新网络形式出现。

在现阶段，网络通信层的具体形式包括有线、无线、卫星（空间）、互联网、LPWAN（低功耗，英文为 Low Power Wide Area Network）专网等各式各样的数据网络。根据《智慧城市 技术参考模型》GB/T 34678—2017，网络通信层连接感知设备、执行设备和应用终端，分为公共网络和专用网络。公共网络指的是面向公众用户提供服务的各类网络，包含互联网、电信网、广播电视网等。物联感知与执行层的设备可以通过公共网络与智慧应用进行通信。公共网络涵盖了有线网络、无线网络、骨干传输网络。专用网络指根据行业特性单独组建的有线、无线网络，用于连接分布式计算或虚拟化计算资源的网络，及利用公共网络的基础设施组建的虚拟专用网络等网络。

5.3　计算与存储层

根据《智慧城市 技术参考模型》GB/T 34678—2017，计算与存储层由软件资源、计算资源和存储资源三个部分组成。这三个部分为智慧城市提供数据储存和计算以及相关的软件环境资源，从而保障城市对于数据的相关需求。

计算资源和储存资源都可分为集中式和分布式两种类型。智慧城市软件资源应是能够支持智慧城市各种应用正常运行所需要的基础软件，包括但不限于操作系统、数据库系统、中间软件和资源管理软件等。

智慧城市的益处之一，就是能够让城市高效运转，即可以实现对各类资源灵活部署调配，最大程度地避免资源浪费。对于计算和存储资源，也是同样的道理，即需要"灵活"地按照智慧城市运行的需求对资源进行整合和动态配置（图 5-5），让各种智慧应用将其作用发挥到最大的程度。灵活性需要体现在以下两个方面：

（1）物理位置的灵活性：传统的本地计算与存储资源只能让人们在特定的物理位置对资源进行使用。如果换一个位置，就需要重新配置一整套资源，而无法共享其他物理位置上已有的资源。这样的模式在使用上十分不方便、对资源造成了极大的浪费，而且也没有办法快速方便地将资源配

图 5-5　智慧城市的顺畅运行需要灵活地对计算与存储资源进行配置与整合

置整合到急需它们的地方去。因此，要让智慧应用能够高效运行，就需要计算与存储资源在物理位置上能够被"灵活地"调用。

（2）资源大小的灵活性：由于在系统设计阶段，无法准确预测投入运行之后要处理的确切数据量。当实际情况和预测相差很大时，就会出现资源过剩而无法得到有效利用的情况。

例如，某些行业中，数据中心建设之后，其资源的利用率并不高，未来业务的资源需求量是未知的，所以现有的资源又不能被割舍掉，由此，高昂的运维成本成为数据中心不小的负担。如果能根据项目的资源需求，对计算与存储资源进行弹性整合，在业务需要扩大资源的时候可以借用共享资源扩容，而在不需要的时候则可以对多余部分的资源进行舍弃，这种模式将会为智慧城市的运行带来极大的成本优势。

5.3.1　云计算

云计算可以很好地满足智慧城市对于储存与计算资源关于"灵活性"的要求。云计算是通过互联网（"云"）提供包括服务器、存储、数据库、网络、软件、分析等服务在内的计算服务。传统的、本地的计算资源不易扩展或收缩，而且其他人也无法对本地的计算资源进行共享。而相比之下，云计算就像是把所有的计算资源整合到了一个池子里，并且由"云中心"根据用户的需要，动态地对资源进行分配（"池化"）。计算资源所处的地方为云端，输入或输出设备（例如手机、电脑等）称为云终端。人们可以在云终端设备上通过网络，在"云中心"进行云计算，计算处理后的结果将再返回到云终端设备上。与传统、本地的计算资源相比，云计算的优势有以下几点：

（1）经济：可省略购买硬件和软件、建立和运行现场数据中心、服务器机架、24小时供电和制冷以及管理基础设施的IT专家等费用的支出。

（2）自助便捷：用户可以随时随地、自助使用云终端设备，通过网络享受云端的计算资源。

（3）弹性部署：无论是个人用户还是大型企业，都可以根据业务需要，在合适的地理位置对计算资源进行灵活获取和释放。

（4）安全：在云计算中，数据可以在多个站点上留有备份，这样即使某个云终端设备出现了问题（例如，洪水淹没了某个计算机中心），利用其他站点上的数据备份，数据可以迅速地得以修复。

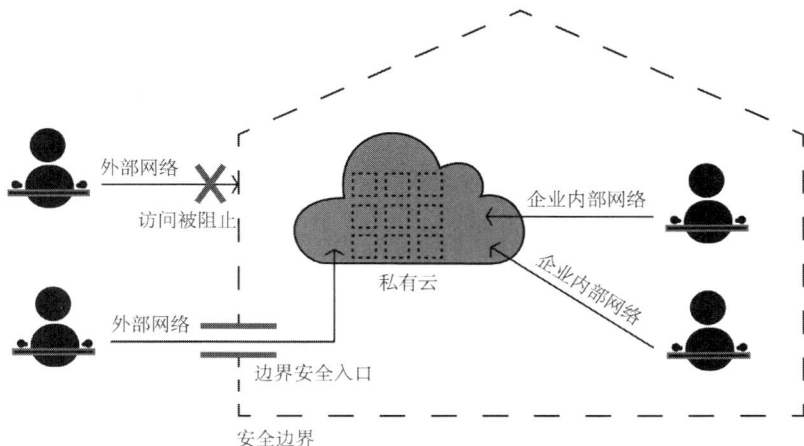

图 5-6　私有云

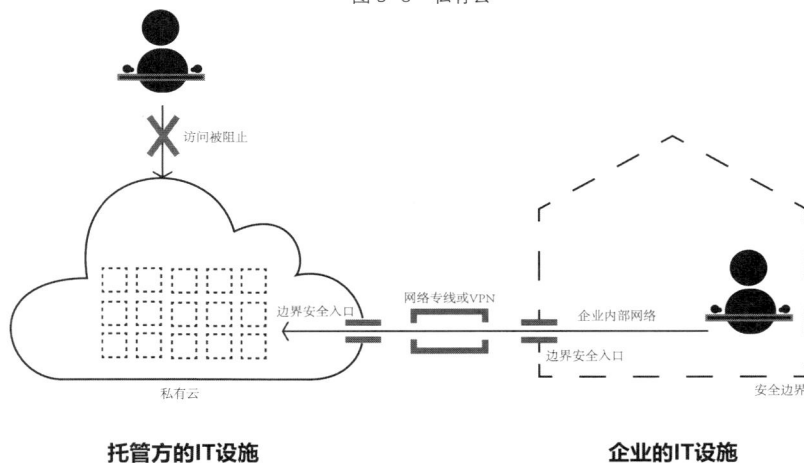

图 5-7　托管私有云

云计算资源服务的部署有私有云、公共云和混合云这三种方式。

（1）私有云

指由单个企业或组织专门使用的云计算资源。私有云可以位于企业本地的数据中心，由企业自己控制其计算资源（图 5-6）；或者处于异地，并且由第三方服务提供商进行维护和运营（图 5-7）。私有云的服务和基础设施均处于同一个私人网络中，它的安全及网络安全边界都可以由企业自己定义。

当一个云计算资源可以同时给固定的几个企业内用户进行使用，且这些企业对云端的管理和诉求具有一致性（如安全要求、云端使命、规章制度、合规性要求等），那么这种云计算资源服务的部署形式称之为社区云。

（2）公共云

公共云由第三方云服务供应商开放给公众使用。供应商拥有所有硬件、软件和其他支持基础设施的所有权，并且负责运营、操作、管理，以及通过互联网提供服务器和存储等计算资源。云端可以部署在本地或者其他地方，使用者则可以使用云端设备随时随地、自助访问这些服务。比较知名的公共云有亚马逊、微软的 Azure、阿里云等。

（3）混合云

混合云将两种或两种以上的云服务结合在一起（图5-8），并且允许数据和应用程序两者之间得到共享。混合云的优势在于其结合了公共云和私有

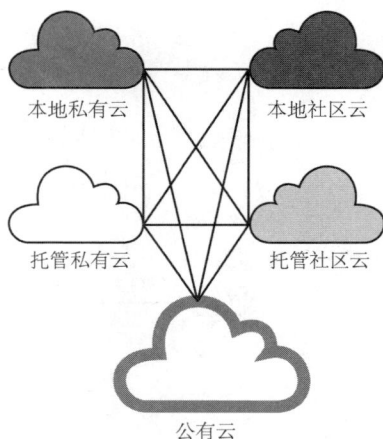

图5-8　混合云的组合方式

云的优势。在架构方面，混合云更加灵活，因为它可以按照业务需求采取最合适的资源部署方案，例如将内部重要数据保存在私有云上，而把各个企业之间的非机密数据则放在公共云上。

云计算本身也有不同的技术组成部分，例如有实体的数据中心、网络连接/防火墙、计算和存储设施、开发和管理工具以及应用等。云计算服务的供应商本身也对这些技术构成部分拥有所有权，而供应商所提供的服务，就是把这些技术构成转换成服务产品，供远端的用户通过网络对它们进行使用。也就是说，供应商提供的服务，是用户对云计算各个技术构成部分的使用权。如图5-9所示，云计算本身有以下三种服务形式：

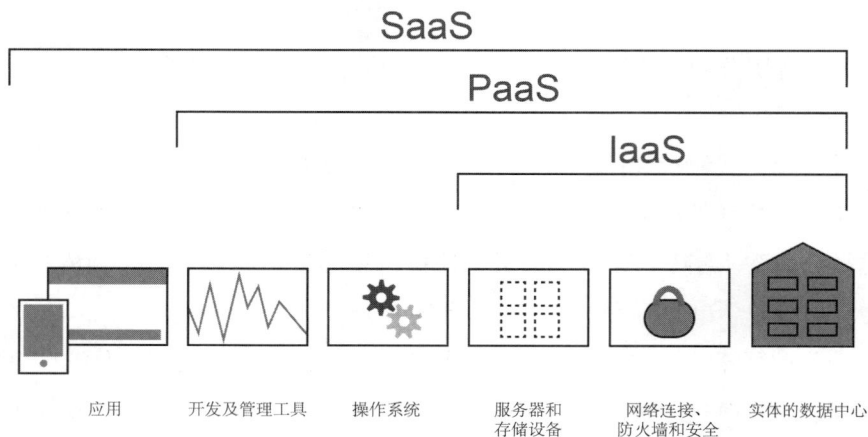

图5-9　云服务的三种类型

（1）软件即服务（Software as a Service，SaaS）

云服务提供商通过互联网，将基于云的软件层作为服务出租给消费者，常见的例子有电子邮件、日历等。消费者不需要购买、安装、更新或维护任何硬件、中间件或软件，并且可以随时随地直接从网络浏览器运行大多数 SaaS 应用程序。数据也将存储在云中，这样即使当消费者的计算机或设备出现故障时，数据也不会丢失。

（2）平台即服务（Platform as a Service，PaaS）

云服务提供商把 IT 系统中的平台层作为服务出租出去，通过开发、测试、交付和管理软件应用程序按需提供云计算服务。消费者需要自己部署和管理应用软件层，而无需担心设置或管理开发所需的服务器、存储、网络和数据库等基础设施的问题。

（3）基础设施即服务（Infrastructure as a Service，IaaS）

这是云计算服务中最基本的形式，云服务提供商将 IT 系统中的基础设施层作为服务出租给消费者，消费者可以租用 IT 基础设施服务器和虚拟机、存储、网络和操作系统，自己需要再搭建和管理平台层和软件层。

5.3.2　边缘计算

云计算虽然已经在很多地方进行应用，并且为智慧城市带来了数不尽的益处。然而，云计算也有许多缺点。其中最显著的问题是由于用户和承载云服务的数据中心之间存在距离而导致的延迟。因此，这一需求也导致边缘计算（Edge Computing）这项新技术的蓬勃发展，它使得计算、储存、网络等资源更加接近用户端（工业现场、数据源头等），近距离地为应用提供边缘智能服务。由于数据的处理和分析都距离数据产出的地点非常近，无需将数据通过网络传输到要进行处理的云或数据中心，可以"就地"对数据进行分析、处理，并且做出决策，所以延迟会显著减少。当然，边缘计算与云计算可以相辅相成，例如，如果有计算量较大、用时较久的任务，就可以调用云计算的资源进行处理；而如果是计算量较小、需要快速得到计算结果的任务，则可以利用边缘计算来完成。

通过云计算和边缘计算这两种算力技术的发展，可以看出，虽然如"城市大脑"这样的智慧城市中央枢纽，其处理信息和做决策的综合能力正在加强，但同时也有将处理数据权限下放，以缓解中央枢纽负担的趋势。也就是无论计算还是存储资源的分配，均采取集中式和分布式的协同合作，二者相辅相成，互相优化，形成算力网络和存储网络的模式（图 5-10）。

图 5-10　云计算与边缘计算协同合作，加快智慧城市"大脑"的运转速度

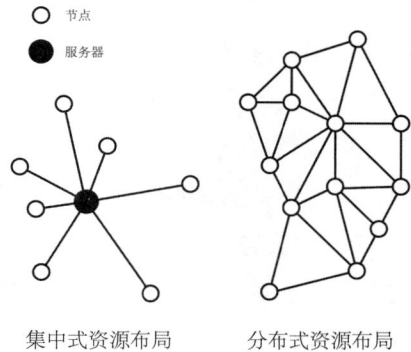

节点
服务器

集中式资源布局　　分布式资源布局

图 5-11　集中式与分布式资源分布

　　在集中式资源服务系统中，一个或多个节点直接连接到一个中央单元（图 5-11），节点会向中央单元发送请求并接收响应。在这种方式中，所有的节点都由同一个中央单元进行服务和协调。那么如果这个中央单元出现故障，也就会导致整个系统崩溃。如果节点数量超过一定额度，流量也会随之增长。当流量达到峰值的时候，中央单元只有有限数量的开放端口来连接节点，这就会使得连接出现瓶颈，导致中央节点的性能下降。

　　在分布式资源服务系统中（图 5-11），每个节点都能够自己做一定的储存和计算。系统实际上是节点的大集合。与集中式资源服务系统相比，分布式资源服务系统更加可靠，因为没有一个单一的中央节点对整个系统进行统筹。某单一节点的损坏并不会导致整个系统的崩溃。除此之外，分布式系统的拓展性也优于集中式系统。

　　通过对集中式和分布式服务资源进行协同，使得系统能够更加有效地应对未来业务对计算、存储、网络甚至算法资源的多级部署以及在各级节点之间的灵活调度，实现资源利用的最优化。

5.3.3　人工智能

　　如果说大数据是供智慧城市顺畅运行的"材料"，云计算与边缘计算是智慧城市对大数据这个"材料"进行处理的"工具"，那么算法则是如何利用"工具"处理"材料"的方法，以得到令人满意的处理结果（图 5-12）。数据（"材料"）、算力（"工具"）和算法（"方法"）这三者合起来，形成人工智能（图 5-13），帮助人们从庞大的数据中提取隐藏的事物关联和规律，通过分析，做出合理的决策。

图 5-12　大数据、计算能力和算法之于智慧城市，就像食材、工具和食谱之于厨师一样

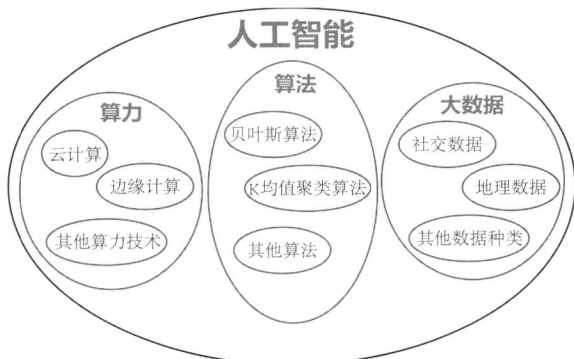

图 5-13　算力、算法和大数据是人工智能的三大基石

　　人工智能的诞生起源于 1955 年的达特茅斯（Dartmouth）夏季人工智能研究会议。会议组织者约翰·麦卡锡（John McCarthy）等人在内在会议提议声明中写道："这项研究是基于这样的一个假设：即学习的各个方面、或智能的任何其他特征，在原则上都可以被如此精确地描述出来，以至于可以让一台机器来模拟它。"这一声明也标志着"人工智能"这个研究领域的诞生。因此，人工智能的最初定义就是"能够用机器模拟出来人类的学习能力和智能"。时至今日，人工智能的范畴已经远远超过 1955 年的设想。人工智能不仅能够模拟人类学习能力和智能，甚至已经将其进行延伸和拓展，例如像 Alpha Go Zero 那样，它在自行学习了围棋的规则之后，还会自己思考和做决策，把自己赢棋的概率最大化。这个范畴所涉及的理论、方法、技术和应用系统是今天"人工智能"的含义。即人工智能所表现出的"智能"，不仅仅是帮助人们根据大数据做出智慧决策的能力，它还具备能够根据环境变化而不断学习、自我完善的能力。

　　机器学习则是人工智能系统能够保持不断学习、改进的保障。它通常是指某个系统在执行某个特定任务时（例如，物体识别、故障诊断、机器人控制等），自动对现有系统的增强或改善，甚至重新合成一个新的系统的改动，其目的是为了更好地执行所指定的任务。图 5-14 为一个人工智能系统的示意图。该系统对所接收到的数字信息进行分析之后，根据计算的结果做出了一个决策。在此过程中，对系统中任何模块所作的"更改"都可视作为机器学习。

　　如果现实生活中的问题，需要利用机器学习来解决的话，那么首先就需要把它转换成数学问题，然后利用机器学习的模型对数学问题进行解析（图 5-15）。在大多数情况下，导致现实生活中事件发生的原因（即数学问题中的输入参数）和事件结果（数

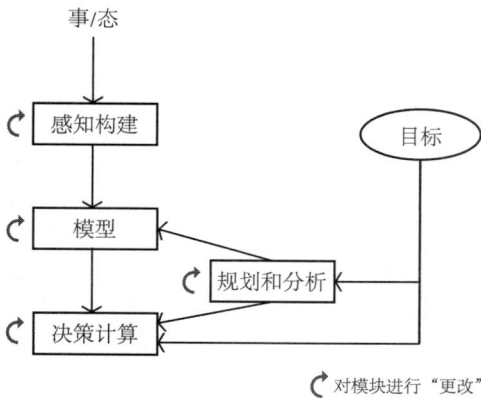

图 5-14　一个人工智能系统的示意图

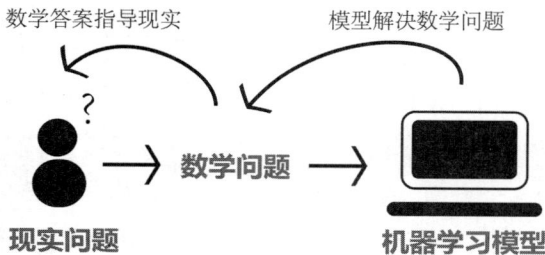

图 5-15　机器学习的基本思路

学问题中的输出结果）之间的关联并不是清晰的。

例如，行人在某建筑物内迷路了，但是导致他迷路的原因，可能是标识牌上的信息不够明确、也可能是建筑布局设计得不够合理，或者是行人本身对信息理解不到位等等。因此，人们也就无法直接把解决该问题的数学模型搭建出来。但是人们希望通过大量的示例，即还原问题发生时候的情况（指定输入数据），和问题导致的结果（相对应的输出数据），让系统能够通过机器学习自行调整其内部结构，找到输入与输出示例中二者之间隐含的关系，从而达到能够通过输入原始数据，预测输出数据的目的。例如，某项目想要了解一个城市空间为

何会让住在此处的居民感到舒适，就将城市空间分解成对于空间尺度的一系列参数，将它们作为输入数据示例输入到系统里。同样，还需要将居民的舒适感受度拆解成一系列指标，将它们作为输出数据示例，导入系统。系统通过分析计算，找到输入数据和输出数据之间的关联，形成一套新的计算方法。这样，人们再往系统里输入有关于城市空间的数据的时候，系统即可自动预测居民对此空间的舒适感受度。

在上文中所提到的，通过示例让系统自动找到输入与输出数据之间的关联，就是对系统的"训练"。根据训练方法，可将机器学习分为监督学习、非监督学习和强化学习这三大类。

监督学习相当于把输入数据和输出数据明确无误地提供给系统，让它通过这两个信息自行总结出正确的预测方法。例如，某项目需要系统自行辨认中国传统屋顶中的硬山顶和歇山顶（图 5-16）。在对系统进行训练的时候，就需要提供大量两种屋顶的照片，同时必须在每张照片上贴上硬山顶或者歇山顶的标签。这样，系统通过大量的示例，自行总结辨识两种中国传统屋顶的方法。监督学习的训练效果比较好，但是需要花费大量人工去为输入数据赋予标签。监督学习中，常使用的算法有 k-近邻算法、

线性回归、支持向量机等。

　　非监督学习是只把数据提供给系统，让它在没有标签和最少的人工监督下，自己寻找数据中的规律。为便于比较，在此，我们仍以让系统自行辨认中国传统屋顶中的硬山顶和歇山顶为例。但这次仅将大量包含两种屋顶的各类照片输入模型，并不在每张照片上都赋予屋顶类型的标签，而是让系统自己发现输入数据里的内在规律，把屋顶分为两种不同的类型（图5-17）。非监督学习中，比较常用的算法有分层聚类算法、最大期望算法、主成分分析等。

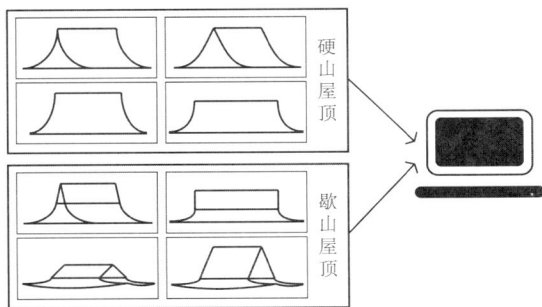

图 5-16　监督学习

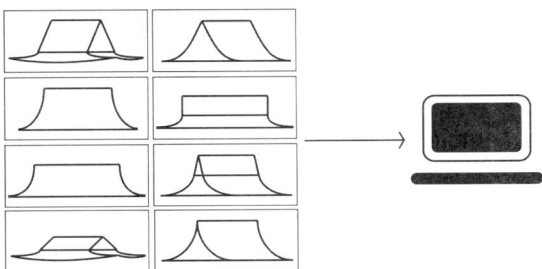

　　强化学习是一种基于与环境交互的机器学习，它关注的是系统如何通过采取正确的动作，以获得最大的积累回报。在强化学习初始阶段，系统面临着一个未知的预设环境。于是，它就随机进行一些预测，给出结果。根据每一次的预测结果，它都会获得奖励或惩罚，从而积累相应的经验。

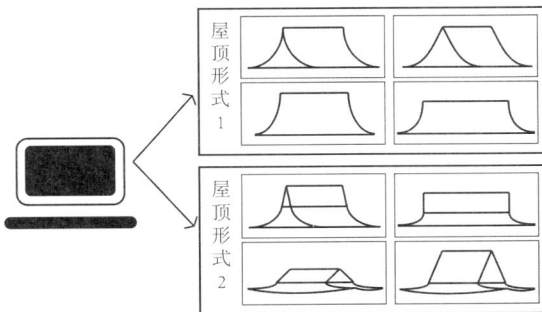

图 5-17　非监督学习

由于系统的目标是将总回报最大化，因此训练完毕之后，模型已经能够通过复杂的决策来实现这一目标。例如，某项目要求系统能够帮助游客在虚拟城市里找到某特定目的地。开始，系统由于对于预设环境（即城市本身的布局）不了解，所以为游客所采取的路线是漫无目的。但是每一次撞壁或者走到死胡同，按照事先制定好的规则，都会在总分数上减一分以示惩罚；每次走得顺畅，则会在总分上加上一分，以示鼓励。而能够以最短的距离找到目的地所获得的奖励最大。最终，系统可以达到能够指挥游客以最短的距离、最快地找到目的地的程度，以获得最大的积累回报。

　　机器学习系统的模型——即如何设计系统的构造，让它能够通过输入信息去进行分析、计算和决定的决策——有很多种不同的实现方法。比较常见的有线性模型、树模型和神经网络模型。

线性模型的基本原理即是根据已有的数据，找出一个较为适合的线性函数近似表达。之后，根据输入数据做出线性预测（图5-18）。例如，系统可以根据某人所到之处的地理位置数据，拟合出一个线性函数，用于预测他下一个目的地的大概方位。

树模型更像是一个将数据根据它们的特征进行分组的分类路线图（图5-19）。输入数据根据它们的特征，被归类到不同的组，之后，在每一个组内再继续被分成几个亚类，并且以此类推，直至达到合适的分类为止。最后，可利用这个分类路线图，根据输入数据的特征，对它所属的分类进行预测，并给出相应的概率。

这方面比较有名的案例即是波士顿房价的预测。美国波士顿房价的数据集于1978年被收集，并且最初被发表在加州大学欧文分校的机器学习库（UCI Machine Learning Repository），数据集里面包括了506套关于波士顿各个郊区城镇的14项特征描述，例如城镇人均犯罪率、住宅用地所占比例、环保指数、每栋住宅的房间数等。最后可以通过输入各个特征的信息，利用系统预测出这个地区的房价走势。

深度学习指的是使用神经网络作为架构的系统搭建方法。其灵感来自于人脑中，生物神经元相互传递信号的方式和组织的方式。人类大脑中的神经元像网络一样相互连接。来自外部环境的刺激或来自感觉器官的输入会让神经元被激活，以电脉冲的方式，将信息传递给其他相关的神经元。类似的，人工神经网络由多个模拟人脑生物神经元的人工神经元节点组成。人工神经网络包括输入层和输出层，在大多数情况下还包括一个或多个隐藏层（图5-20）。输入层的神经元接收输入数据之后，对这些数据执行简单的操作。输入信息的重要性是通过赋予权重和偏差来判断，而判断该操作结果是否需要被传递给下一层神经元的标准，是通过激活函数来确定的（图5-21）。

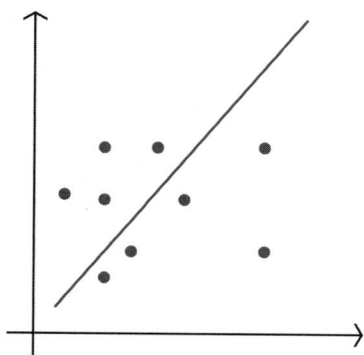

图5-18　利用线性函数对现有数据进行近似表达

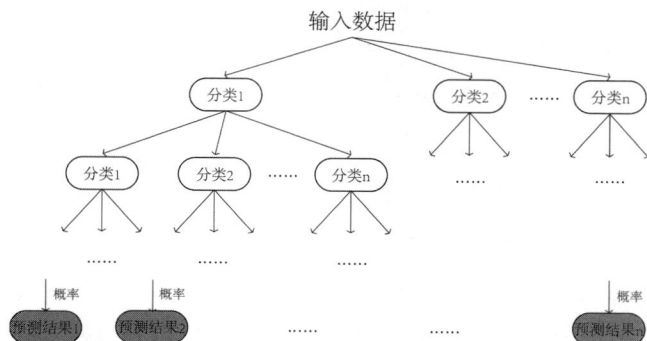

图5-19　树模型

例如，无人驾驶汽车就是利用深度神经网络，帮助它判断路面状况，以随时对它的驾驶行为进行调整。首先，需要将路面情况，转换成数字信息导入到分析系统里的输入层。之后，可以通过提取画面中的颜色、轮廓和明亮度、对比度这几个特征，经过一层层的神经网络进行计算分析，对画面内的物体进行识别，从而确定是否有行人、指示牌、路面信息等类似的信息，相应对汽车的驾驶情况进行调整。

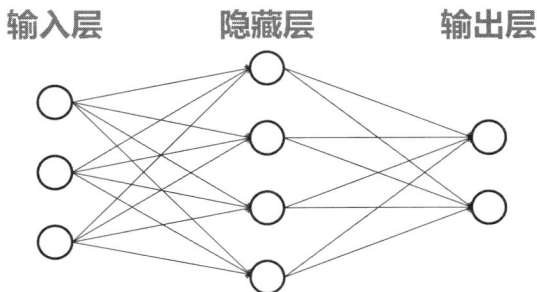

图 5-20　深度神经网络

5.3.4　算法、模型与价值观

算力、算法和大数据是人工智能的三大支柱。虽然智慧城市中，各种

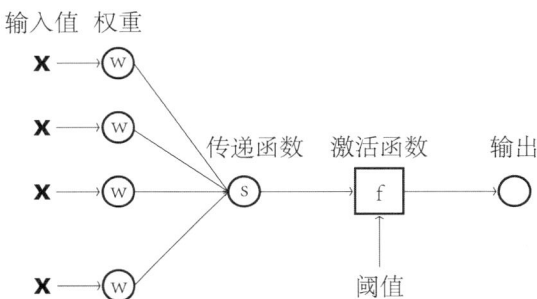

图 5-21　深度神经网络的激活函数、权重和偏好

业务中的算法只是对于具体问题的具体解决方案，但是其背后却蕴含着系统设计者对于智慧城市中有限资源所设定的分配规则，也就是系统设计师所给予解决方案的价值观。虽然说算法本身是客观的，但是内部的规则却是人为制定的。例如，由英国作家玛丽·雪莱创作的经典科幻著作《弗兰肯斯坦》，早在 1817 年就为人们勾勒了科学跨越伦理道德的界限可能导致的灾难性后果。另外一个比较著名的例子是某外卖平台由算法和技术手段对骑手的劳动过程实施了严密而细致的记录和监控。尽管平台系统用于管理骑手的数据是客观的，但是所指定的算法却反映了管理人员的价值取向，由此也就不可避免地将问题延伸到与人相关的价值观问题和社会问题中。因此，在智慧城市的分析与决策中，采用非人工智能的判断环节，在人文的层面，甚至是以自损利益的形式，来对算法进行矫正，以保证用户体验和社会公正，是十分有必要的（图 5-22）。

5.4　数据及服务融合层

根据《智慧城市　技术参考模型》GB/T 34678—2017，数据及服务融合层由数据来源、数据融合和服务融合三个部分组成。在强调智慧城市数据来源的基础上，通过提供应用所需的各种数据与服务，为构建上层各类智慧应用提供支持。

数据来源主要包括不同行业 / 领域的各种信息资源及相关感知设备等，其中信息资源包括但不限于基础信息资源、应用领域信息资源和互联网信息资源。

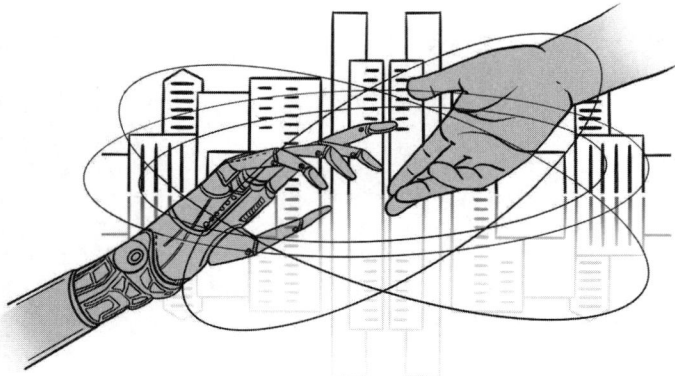

图 5-22　智慧城市是人文和科技的结合体

数据融合是指根据智慧城市应用的业务需要，融合来自不同行业 / 领域的物联感知层数据及应用系统数据，并进行深度挖掘分析的能力。包括数据采集与汇聚、数据整合与处理、数据挖掘与分析、数据管理与治理四类支撑能力。

服务融合包含了支撑智能城市应用的基础技术服务要求，典型的组成至少应包括：服务管理、服务整合和服务使用。

对于数据和服务进行融合的需求，来自于目前城市仍然存在很多信息孤岛的现状。不同来源的数据往往存在着存储形式不兼容、相互之间难以打通的问题，数据壁垒和信息鸿沟难以跨越，不同数据的整合需要跨尺度的理论、平台和技术进行综合解决。由于数据互相之间不兼容，导致所提供的服务也无法实现融合。去除信息孤岛，对数据进行融合衔接可以显著提升城市运营管理效果和提高市民生活的便利程度。例如，2017 年之前，浦东机场的旅客对出租车的需求量是随着航班量的波动而变化，因此使用传统的出租车人工调配模式，很容易出现"车等人"和"人等车"的情况。2017 年，浦东机场交通保障部联合机场运行指挥部将机场"浦东准点"等软件数据库的航班运行信息与出租车智能调配系统进行了对接，同时根据机场运行历年来积累的大数据，分析了解不同时间、不同航班旅客的打车需求变化规律，从而为出租车蓄车、供车提供依据。

在建筑类专业中，GIS（Geographic Information System）多用于城乡规划专业的空间地理信息集成，BIM（Building Information Modelling）则多用于建筑学专业的建设工程信息和建筑构件信息集成。两者在侧重点、研究尺度和精度上都有很大的不同，因此所产生的数据也是迥然不同的（表 5-1）。然而，无论是城乡规划专业还是建筑学专业，对于对方的数据都有很强的整合需求，都需要对设计对象进行反复地审视：

从小的建筑单体、到中等空间、到大的区域，进行多范畴、多层次的审视，以此发现各个设计要素之间的关联。如果能够将 GIS 和 BIM 的数据，在研究尺度和精度上进行优势互补，整合数据来源，实现室内外数据信息一体化，并且形成在建设工程全生命周期中的应用，才能够真正实现精细化的城市设计。

主要 GIS 和 BIM 软件平台对比　　　　　　　　表 5-1

软件		国家	公司	特点
GIS	ArcGIS	美国	Esri	综合能力最强
	MapGIS	中国	中地数码	制图功能较强
	SuperMap	中国	北京超图	进行了本土化改进，具有三维分析及网络端的新功能
BIM	核心建模软件			
	Revit	美国	AutoDesk	适用民用建筑
	ArchiCAD	奥地利	Nemetschek	适合单专业建筑事务所
	CATIA	法国	Dassault	适用于异形建筑设计
	方案设计软件 Affinity	英国	Serif	适用于设计初期，业主与设计师之间的沟通和方案研究论证
	与 BIM 接口的几何造型软件 SketchUp	美国	Google	适用于设计初期的形体、体量研究或遇到复杂建筑造型和 BIM 接口的几种情况
	Rhino	美国	Robert McNeel & Associations	适用于设计初期的形体、体量研究或遇到复杂建筑造型的情况
	机电分析软件 Designmaster	美国	Designmaster	可进行电气分析
	结构分析软件 ETABS	美国	CSI	可与 BIM 核心建模软件实现双向信息交换，进行结构分析
	可视化软件 3DS Max	美国	Autodesk	可提高 BIM 模型的可视化效率

智慧城市总体体系的理想状态，不仅限于建筑类专业，应该是拥有一个聚集各类时空大数据的平台。该平台基于统一的时空基准（空间参照系统、时间参照系统），储存活动（运动变化）于时间和空间中与位置直接（定位）或间接（空间分布）相关联的大数据。把各式各样的数据，汇集到一个共同的平台上，打通信息孤岛之间的堡垒，让各类数据实现跨领域联动，是大数据发展的理想形态。

5.5 应用层

应用层智慧城市系统中是把知识与信息技术融合起来应用到各行各业形成智慧的构成部分。根据《智慧城市 技术参考模型》GB/T 34678—2017，智慧城市应用层应满足下列要求：

（1）支撑智慧城市业务目标[1]的实现，对公众服务、社会管理、产业运作等活动的各种需求做出智能的响应。

（2）能够接入和利用物联感知网、网络通信层、计算与存储层以及数据与服务支撑层所提供的资源和服务。

不同的城市、不同的发展阶段，应用层的规模、深度均有所不同。世界范围内现阶段智慧城市应用层建设的基本内容包括智慧交通、智慧能源、智慧医疗、智慧环保、智慧教育、智慧政务等。且随着技术的进步，这些应用领域始终保持着不断探索、不断扩展、不断深入和不断创新的态势。例如，随着5G网络的建设部署、商用，利用5G网络的特点为垂直行业赋能，已成为智慧城市发展过程中最受关注的话题之一，同时也是5G网络的重要应用场景。5G网络可赋能城市治理、产业、民生等多个领域，在政策支持以及基础设施日益完善的基础上，各个领域的创新应用逐渐丰富，在交通、安防、环保、医疗等垂直行业已有较多试点项目进行试验，与5G网络的技术发展相辅相成（表5-2）。

---

1 业务目标：是智慧城市期望实现的业务成效，包含公共服务便捷化、城市管理精细化、生活环境宜居化、产业体系现代化和基础设施智能化五个部分。

智慧城市应用领域示意　　　　　　　　　　表 5-2

领域分类	落地领域	典型应用场景举例
智慧治理	智慧政务	· 重大公共应急事件处置 · 政务服务一网通办 · 人脸识别智能身份认证
	智慧环保	· 环境监测 · 智能垃圾桶
	智能安防	· 超清实时监控 · 机器人巡逻 · 无人机巡逻
	智慧交通	· 远程驾驶、自动驾驶 · 高铁娱乐通信 · 导航 AR 辅助 · 智能交通规划
智慧产业	智慧电源	· 电网实时监控 · 能源智能分配 · 电网远程维护
	智慧物流	· 自动化无人仓储系统 · 无人驾驶运输 · 无人机配送 · 货品实时定位
智慧民生	智慧医疗	· 健康数据自动采集 · 远程手术 · 远程诊疗 · 超级救护车
	智慧教育	· 沉浸式教学 · 远程互动教学
	智慧家庭	· 家具互联、远程操控 · 沉浸式娱乐

5.6　支撑体系

　　《智慧城市 技术参考模型》GB/T 34678—2017 指出，"建设管理体系""安全保障体系"和"运维管理体系"为支撑智慧城市建设过程，实现各项功能所需要的 ICT 技术层的三个体系。其中，安全保障体系是利用各种法律法规和技术等，保障智慧城市作为一个庞大的"物联网"能够安全运行。建设管理体系和运维管理体系则是明确在智慧城市的建设和运营过程中，各个主要角色的义务、权利和行为规则。

5.6.1 安全保障体系

智慧城市安全保障体系是以人力资源和组织架构为核心，以网络安全政策法规、制度标准、技术指南为指导，以网络安全运行机制为保障，以网络安全技术、产品、系统、平台为支撑的闭环式系统（图 5-23）。

在政策、法规与制度方面，国际电信联盟（ITU-T）智慧可持续城市焦点组（FGSCC）于 2016 年发布了《智慧可持续城市网际安全、数据保护和弹性》研究报告，为智慧城市中的安全管理、用户认证、关键

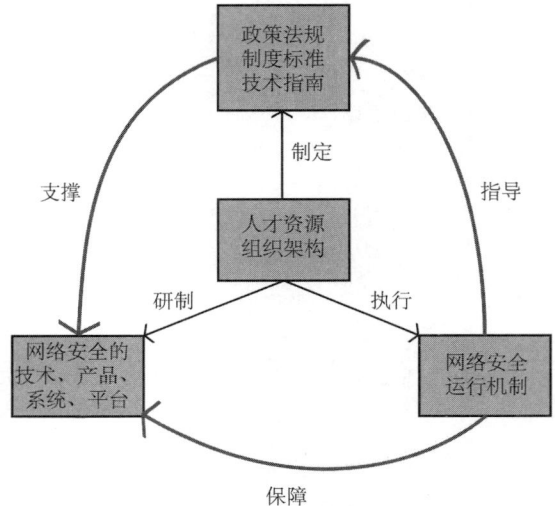

图 5-23 智慧城市安全保障体系

基础设施保护以及隐私保护等方面提出了安全保障建议；国际标准化组织（ISO）于 2019 年发布了首个智慧城市信息通信技术领域的国际标准《信息技术—智慧城市信息 ICT 评价指标》ISO/IEC 30146：2019，信息安全为其中的七大类评价指标之一；在 2020 年，国际电信联盟通过了《智慧城市数字孪生系统安全机制》和《智慧社区安全机制》两个立项。我国的相关标准主要包括《信息安全技术 智慧城市安全体系框架》《信息安全技术 智慧城市建设信息安全保障指南》《信息安全技术 智慧城市网络安全评价方法》《信息安全技术 智慧城市公共支撑与服务平台安全要求》等。另外， 中国通信标准化协会也在开展智慧城市相关标准研究工作，包括智慧城市术语、总体架构、评估方法及指标体系等。目前已发布《智慧城市 敏感信息定义及分类》YD/T 3473-2019 等。

5.6.2 建设管理和运营维护体系

政府、企业／研究所和市民是智慧城市建设管理、运营维护的三个必要角色（图

5-24）。无论智慧城市中，是由政府进行顶层设计、整体部署，还是主要由企业 / 研究所进行智慧市科技创新和需求引领，政府都要起到控制大局的作用，不仅通过制定法律规范起到对智慧城市建设运营环境的整体维护管理作用，更要利用政策起到对新型创新机制赋能的作用。

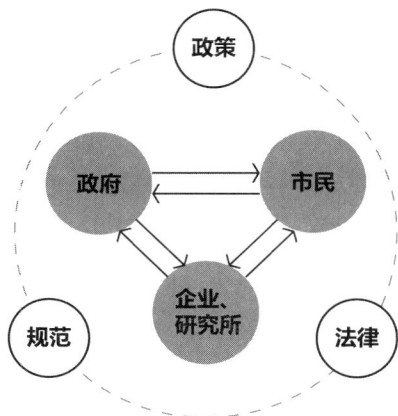

图 5-24　智慧城市主要角色和管理运营元素

　　例如，在政策方面，住房和城乡建设部和科学技术部分别于 2012 年、2013 年和 2015 年，发布了第一批、第二批和第三批国家智慧城市试点名单。在 2018 年，国家市场监督管理总局、中国国家标准化管理委员会发布的《智慧城市 顶层设计指南》GB/T 36333—2018 国家标准，对智慧城市顶层设计的总体要求、基本过程及需求分析、总体设计、架构设计、实施路径设计等进行了规定；发布了《智慧城市 领域知识模型 核心概念模型》GB/T 36332—2018，规定了智慧城市领域知识模型的核心概念及模型组成、核心概念以及核心概念之间的关系，可用于智慧城市领域知识模型的构造和智慧城市信息系统之间的交换共享。

　　在法律方面，主要是对于数据信息安全形成保障作用，为各方主体设置义务和行为规则。例如，有《中华人民共和国网络安全法》《网络安全审查办法》等。

延伸思考：

在建筑设计和城市规划中，都需要什么样的大数据，又如何对它们进行收集呢？

第 6 章　智慧城市应用活化

> ● **导读问题** ●
>
> 1. 城市大脑有几个发展阶段?
> 2. 建筑信息模型、城市信息模型分别都是什么?

　　"活化"二字来自于化学范畴，活化能是指化学反应中将反应物分子活化成活化分子（亦称为活化络合物或过渡态）所需的能量。本章主要是在第 5 章中所提到各技术要素层的基础之上，从数据感知、传输和共享融合角度出发，概述各类新兴的理论和科技如何能够为智慧城市内与建筑类专业相关产业进行赋能。

6.1　数字感知与获取设备

　　感知设备一般被称为传感器，是智慧城市物联网感知与执行层的重要感知终端，采集现实物理世界事/态的重要技术基础。从采取的信息类别来看，传感器大致可以分为物理量、化学量和生物量三大类（图 6-1）。

　　物理量传感器是能感受到各种物理现象或者物理对象的量值，并将其转换成可以用于输出信号的传感器。例如，压力传感器、流量传感器、速度传感器、热血量传感器、色度传感器、红外传感器等。

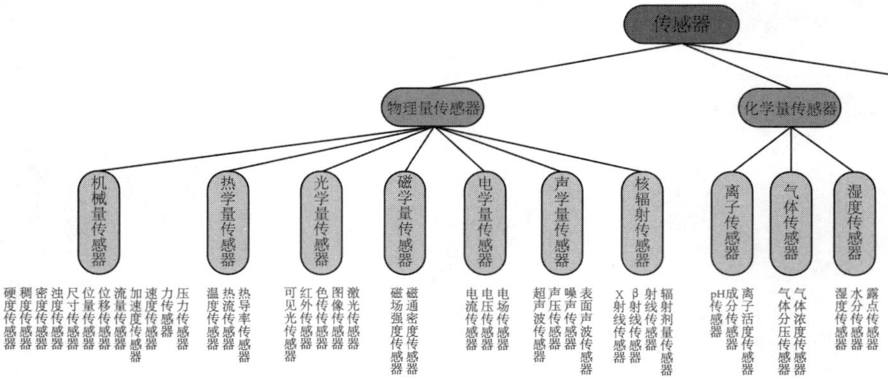

图 6-1　传感器的分类图

化学量传感器为能够监测物质类别及其含量，并且将其转换成可以输出的电信号、光信号、热信号等多种形式，各自对应电化学传感器、光化学传感器、热化学传感器等。化学量传感器可以对人类感官的功能进行有效拓展。例如，对于无色无味的一氧化碳，半导体气味传感器可以非常灵敏地监测到它的存在，从而可以有效地帮助人们避免一氧化碳中毒。

生物量传感器负责把人体或者动物的各种生理信息的量值，转换成可供测量输出的电信号或其他可用信号。生理信息的参数，可分为电量参数（心电、脑电、肌电等生物电）和非电量参数。负责对诸如体温、血压、血流量等非电量参数进行测量的生物医学测量仪器，实质上就是温度、压力、流量等非电量物理参数的测量。

在智慧城市中，需要对各种传感器进行组合搭配，互取其长，才能对事/态进行多维度的感知。

以无人驾驶汽车为例（图6-2为无人驾驶汽车的架构概览），可以看出，无人驾驶汽车是一系列技术的集成，需要各种传感器的配合，才能实现对周边物理环境全面的感知。

第一，无人驾驶汽车需要全球定位系统技术（GPS, Global Positioning System）和惯性测量单位（IMU, Inertial measurement unit）相结合，为汽车的绝对位置和相对于物体起点所运动的路线进行感知。

第二，需要激光雷达技术（LiDAR, Light Detection and Ranging），通过雷达发射系统发送激光信号，激光经目标反射后根据反射光的运行时间，即可确定目标的距离，从而对周边物理环境情况进行掌握。

第三，则需要相机对周边环境进行拍照，从照片形式的数字信息里，对周边环境中的视觉信息进行识别，由此可以提取交通标识牌、路面信息、行人、各种车辆的种类等等信息。

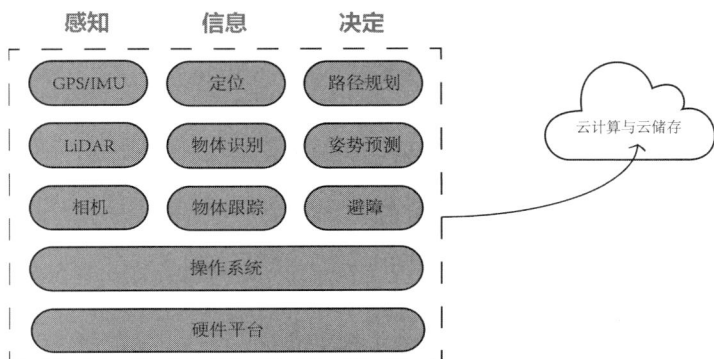

图6-2　无人驾驶汽车的系统架构概览

6.2 数据传输与汇聚

智慧城市中，需要连接的人 / 物数量庞大。有机构预估，到 2025 年时，物联网的连接数量将达到 31 亿左右。由于不同类别的设备、设施以及业务对于数据通信都有自己独特的要求，因此也需要相应的通信网络与其相匹配，以达到最优的工作效率。在物联网发展初始阶段时，人 / 物之间主要是借助于已有的广域网通信系统（例如，4G、5G 移动网络）和专用网（例如军事专用网等）将感知与执行层所获取的信息快速安全地进行互联和传递。然而，人们发现，如果两个设备距离很近（例如，仅有几厘米），那么将数据通过距离几公里的广域网设备进行中转则非常浪费功耗，且安全性也大打折扣。由此，就有必要针对各种设备所需要的数据传输距离、效率和设备本身的续航要求，研发出不同覆盖范围的网络（图 6–3）。

● 个域网（PAN, Personal Area Network）：该网络的覆盖范围一般在 0~30m，常用语传输电子车票、标签、照片等小文件，所用的功耗非常低。比较典型的技术有近场通信（NFC, Near Field Communication）、蓝牙和射频识别技术（RFID, Radio Frequency Identification）等。

● 局域网（LAN, Local Area Network）：则是由一组设备在同一物理地点（家、办公室、建筑等）所组成的网络，其辐射范围可以由几百米到几千米，具有稳定和速

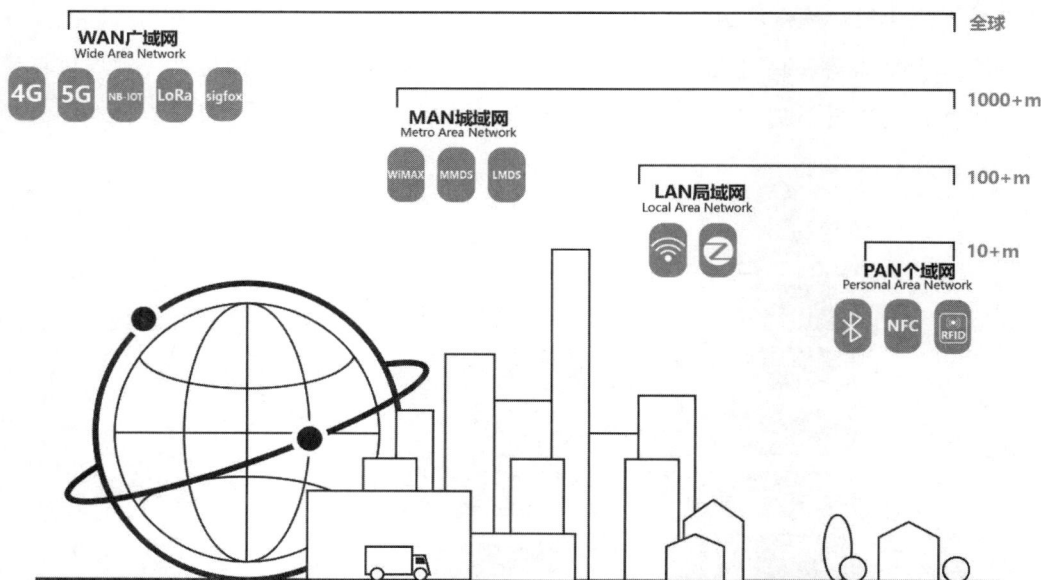

图 6–3 不同覆盖范围的无线网

度快的特点。局域网可以利用无线路由器进行建立，但也可以利用诸如 Zigbee 这样的低功耗、短距离无线通信技术进行很方便地组网。

● 城域网（MAN, Metro Area Network）：是在园区或者城市尺度范围内所搭建而成的较大型局域网，主要使用的媒介为光缆。该网络传输速度较快，能够在城市或者园区内实现共享数据和资源的目的。常见的有全球微波互联接入（WiMAX, Worldwide Interoperability for Microwave Access）、微波多路分配系统（MMDS, Microwave Multipoint Distribution Systems）、本地多点分布系统（LMDS, Local Multipoint Distribution Services）等。

● 广域网（WAN, Wide Area Network）：能够连接不同地区、城市和国家的局域网和城域网。4G、5G 等移动通信技术都属于这个类别。然而，使用该技术的设备通常功耗都比较大，因此低功耗广域网（LPWAN, Low Power Wide Area Network）技术应运而生。该技术用于在广域上以较低的比特率连接低带宽设备，但仍旧保持低功耗的特点，例如，在不使用设备的时候，设备就会自动进入休眠模式，从而大大降低了物联网设备的运行成本。这方面较成熟的技术有窄带物联网（NB-IoT, Narrow Band Internet of Things）、LoRa（Long Range）、Sigfox 等。

且对于单个移动通信技术本身而言，数据传输速率与耗电量成正比。有人认为整个物联网的业务里，绝大部分属于低速率业务（速率小于 100Kbit/s），其特点是低成本、低功耗和广覆盖，以小分组业务为主，不支持语音，典型应用包括共享单车、智能表环和环境监测等。次要份额属于中速率业务（速率小于 10Mbit/s），其特点是实时性、有语音功能和对连接速率有一定的要求，典型应用包括部分智能穿戴和物流监控等。余下的业务属于大带宽、低时延和高可靠的其他业务，例如自动驾驶、远程医疗和视频监控等需要传输的信息量较大且对于传输时间要求较为苛刻的业务都属于这个类别（图 6-4）。因此，有必要对单个设施的不同功能，使用不同的移动通信技术，从而达到节能和信息传输效果之间的平衡。

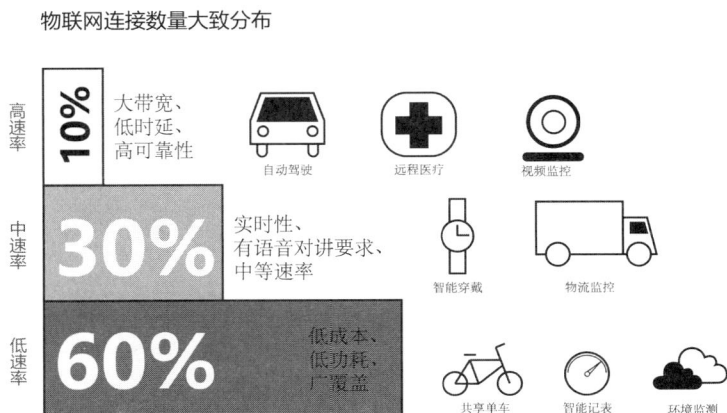

图 6-4　基于连接类别的物联网业务分布示意图

以荷兰阿姆斯特丹（Amasterdam）为例，荷兰皇家电信集团（Royal KPN N.V.）让 32 万户家庭在 2019 年连接上光纤网络。早在 2015 年，便已经成为利用 LoRa 技术实现物联网的试验地。在 2016 年和 2017 年，德国移动电话运营商 T-Mobile 和沃达丰（Vodafone）都分别在阿姆斯特丹激活了基于 NB-IoT 的网络。在 2019 年，法国物联网公司 Kerlink 和荷兰网络系统整合服务商 MCS 在阿姆斯特丹 Shiphol 机场安装了私人 LoRa 广域网，覆盖范围包括公共区域和非公共区域（例如，行李仓库）。MCS 也负责安装了加速度计、气压计和磁力计，以及 500 多个监测厕所洁净程度的传感器等设备组成的传感器网络。Kerlink 的客户经理奥勒良·苏涅特（Aurélien Seugnet）表示："此次合作表明，两家灵活、以客户为中心的公司可以与地方当局合作，设计、部署和运营实现当局具体目标的局域网络。这个主题凸显了我们在为智能机场、智能城市和智能港湾等大型公共设施提供服务方面持续取得成功。"

6.3   物联网

物联网（Internet of Things, IoT）作为智慧城市的具体实现途径，其本意是"物物相联的网络"。这个网络有三重含义：第一层含义为物与物之间是通过互联网进行相联的，"物联网"生于互联网，但又远远超越了互联网的范畴；第二层含义为通过"物物相联"，达到物物之间、人物之间和人人之间进行信息交换的目的；第三层含义为通过信息交换，对现实物理世界进行实时感知和控制，实现精确管理和科学决策，从而达到让地球更加宜居的最终目标。物联网中的"物"，不仅限于诸如手机、电脑等电子设备，也包括快递包裹、食物、工程零件等；通过"嵌入"或者"标记"，使其可读、可识别、可定位、可寻址、可追溯、可感知、可控制，从而成为物联网的一分子。

6.4   数据的共享、融合和应用

6.4.1   治理城市的城市大脑

我国大城市运营向数字化转型，起源于 20 世纪 80 年代的"经济管理信息化"，成长于 2002 年国家层面的"电子政务"建设规划，成熟于 2012 年的"信息惠民"和"新型智慧城市"建设。在 2012 年之前，多是政府对顶层架构进行设计规划，形成具有中国特色的"电子政务"和"数字政府"。2012 年之后，主要是以建设实践为主，

建立结合地方特色的"电子政务"与"数字政府",让它们从政府层面向公共服务、市场监管和城市管理方面过渡。

2016 年,我国政府提出以推广电子政务、建设新型智慧城市等为突破口,通过数据集中和共享,建设全国一体化的国家大数据中心,推进技术集成、业务融合、数据整合,实现跨层级、跨地域、跨系统、跨部门、跨业务的协同管理和服务(图 6-5)。2016 年,杭州城市大脑建设工作的公布,则表明智慧城市的治理,从单个

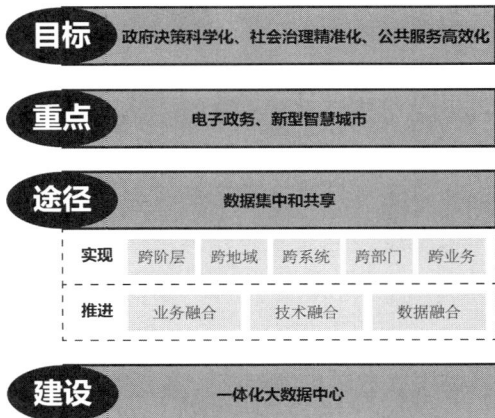

图 6-5　建设全国一体化的国家大数据中心的内容

领域(智慧交通、智慧社区、智慧医院、智慧监管、智慧教育等)智能技术的简单、摸索性地堆砌,向综合性、系统性、有机性的整体城市治理模式转变。在新的阶段里,由一个中枢系统对不同的系统进行有机整合,并对所收集到的数据进行共享、融合地应用。

在技术方面,新时代类脑架构的互联网,既是物联网、云计算、大数据、工业互联网、AI、边缘计算、数字孪生等技术爆发的原因,也是城市大脑、谷歌大脑、百度大脑、讯飞超脑等类脑巨型系统涌现的根源。城市大脑是互联网大脑架构与智慧城市建设相结合的产物。城市大脑的作用是提高城市的运行效率,解决城市运行中面临的复杂问题,更好地满足城市各成员的不同需求。城市大脑框架主要以市级城市大脑平台为主,上可联省级、国家级大脑平台,下可联区县相关平台或业务系统,并不断通过市级平台的赋能延伸至街道(镇)、村(社区)、网格等基层单位。

2020 年 12 月 23 日,由中科大脑承办,城市大脑全球标准研究组、中国科学院虚拟经济与数据科学研究中心、国家创新与发展战略研究会数字治理研究中心、天府大数据研究院、沃民高科超级智能研究院联合发布的世界首份《城市大脑全球标准研究报告》中,指出城市大脑发展的七个阶段,如表 6-1 所示。

城市大脑发展阶段　　　　　　　　　　　　　　　　表 6-1

阶段	时间	描述
一、史前	6000 年前—2009 年	城市经历了从原始状态到工业现代化到信息现代化的过程
二、混沌	2009 年—2015 年	智慧城市提出和发展、但没有形成清晰明确的建设方向

续表

阶段	时间	描述
三、萌芽	2015 年—2021 年	学术、产业和城市提出城市大脑概念，这个时期重点发育了城市 AI 巨型神经元
四、连接	2021 年—2045 年	城市大脑开始形成统一的城市神经元标准，实现对城市内和城市之间的人、设备、物和系统的连接
五、分权	2023 年—2045 年	城市大脑开始围绕人和人，人和机器（系统），机器和机器（系统），进行权限和责任的划分
六、反射弧	2025 年—2045 年	城市大脑的城市云反射弧开始大规模梳理和验证，不断满足城市各类需求
七、世界脑	2045 年—之后	世界范围的城市大脑通过互联网类脑架构最终联合形成世界脑（World wide Brain），高效地解决人类社会面临的各领域问题

在实践方面，杭州在 2016 年的云栖大会上，启动了世界首个"城市大脑"的建设工作。随后，我国多地对城市大脑进行项目招标，建设工作如火如荼（表 6-2）。

各地城市大脑建设项目情况（不完全统计）   表 6-2

城市	项目名称	时间
深圳	深圳城市交通大脑	2017 年 9 月
德清	德清城市大脑建设采购项目	2018 年 7 月
海口	海口市城市大脑 2018 年示范项目	2018 年 8 月
佛山	佛山南海区城市大脑建设项目	2018 年 12 月
黄山	黄山市云计算及新型智慧城市（城市大脑）项目	2019 年 5 月
长沙	长沙城市超级大脑（数据大脑平台及部分智慧应用项目）	2019 年 6 月
苏州	苏州城市大脑运营商数据服务项目	2019 年 12 月
杭州	杭州城市大脑"交通"临安节点系统建设采购项目	2020 年 6 月
北京	海淀区城市大脑第一批建设项目一级子项目 海淀区城市大脑第二批建设项目初步设计	2020 年 9 月
郑州	郑州市城市大脑二期项目智能应用	2020 年 9 月
温州	温州市"城市大脑"数据中心及运营指挥中心建设项目（总集成）	2020 年 9 月
贺兰	智慧贺兰"城市大脑"建设项目招标公告	2021 年 4 月
慈溪	数据慈溪指挥中心（慈溪城市大脑）招标公告	2021 年 4 月
丽江	智慧丽江城市大脑（一期）项目招标公告	2021 年 5 月

6.4.2　城市信息模型（CIM）

2010 年上海世博园区的总规划师吴志强院士于 2005 年提出，各国场馆的设计方案必须采用统一的 BIM（Building Information Modelling）标准，以解决各个国家的设计团队使用不同的软件制图而造成图纸无法合一的问题，并由总规划师办公室提出研发可以承载单体建筑设计的城市信息模型（CIM，City Information Modelling）计划。该 CIM 平台（实质为上海世博园区智能模型平台）于 2006 年完成，并于 2007 年初投入运行。该平台可实现：

（1）建立 5.28km^2 园区规划范围内的所有自然要素的底板，包括河流、地质、表土质量、风流、风向、气候等；

（2）承载历史遗留下来的工程设施信息，包括水管、污染源、高压和低压电网、微波通廊等城市基础设施的现有遗留物；

（3）承载所有上海世博园区的老建筑的相关信息，包括建造年代、结构、污染状态、修复记录等；

（4）承载所有单体建筑设计方案 BIM 的插入，并进行方案的视觉美学、天际线、江景等在城市设计方面的检验；

（5）加载所有基础设施的规划信息，包括供水系统、饮用水系统、排水系统、垃圾收集系统、真空垃圾地下管道系统、江水源热泵系统、降温系统、电网系统、无线网系统、安防系统、地面公交设施系统、地铁车站系统、加氢站系统等新规划的城区基础设施；

（6）将整个园区划分为 20m×20m 的基本单元，以对参观人流进行时空的动态模拟；

（7）对包括消防人员和安全保障等紧急事件进行预案布置；

（8）生成包括自然要素、建成要素、流动要素以至运营管理总指挥平台的上海世博园区的伴生虚拟空间，并进行信息的轻量化处理，以作为上海世博园区的移动指挥中心。

吴志强院士于 2011 年正式提出城市智能模型（CIM）的概念，并且认为该平台与注重对城市数据积累、处理的"孪生城市"相比，更注重对复杂信息的智能响应，以适应现代城市综合治理的需要。除此之外，CIM 能够以更加智慧的方式，将城市信息有效地传达给用户的互动系统，借助 CIM 可以使城市规划、建设、管理的过程更加轻松、人性化。该理念也得到了各级政府的高度重视。各类城市信息模型相关的中央部委政策及动态梳理参见表 6-3。

中央部委城市信息模型（CIM）政策及动态梳理　　表 6-3

政策及动态	发布机关	时间	内容摘要
《住房和城乡建设部关于开展运用 BIM 进行工程建设项目审查审批和 CIM 平台建设试点工作的函》（建城函〔2018〕222 号）	住房和城乡建设部	2018/11	将北京城市副中心、广州、厦门、雄安新区、南京列入"运用建筑信息模型（BIM）进行工程项目审查审批和城市信息模型（CIM）平台建设"试点城市
《"多规合一"业务协同平台技术标准》征求意见稿	住房和城乡建设部	2018/11	有条件的城市，可在 BIM 应用的基础上建立城市信息模型（CIM）
《工程建设项目业务协同平台技术标准》CJJ/T 296-2019	住房和城乡建设部	2019/03	CIM 应用应包含辅助工程建设项目业务协同审批功能，可包含辅助城市智能化运行管理功能
在北京组织召开 CIM 平台建设工作专题会	住房和城乡建设部	2019/06	2020 年建成具备规划审查、建筑设计方案审查、施工图审查、竣工验收备案等功能的 CIM 平台，探索建设智慧城市基础平台
《住房和城乡建设部办公厅关于组织申报 2019 年科学技术计划项目的通知》（建办标函〔2019〕342 号）	住房和城乡建设部	2019/06	将城市信息模型（CIM）关键技术研究与示范列入 2019 年重大科技攻关项目
《产业结构调整指导目录（2019 年本）》	国家发改委	2019/10	将基于大数据、物联网、GIS 等为基础的城市信息模型（CIM）相关技术开发与应用，作为城镇基础设施鼓励性产业支持
全国住房和城乡建设工作会议	住房和城乡建设部	2019/12	会议强调"加快构建部、省、市三级 CIM 平台建设框架体系"
《住房和城乡建设部办公厅关于印发 2020 年部机关及直属单位培训计划的通知》（建办人〔2020〕4 号）	住房和城乡建设部	2020/02	将城市信息模型（CIM）纳入住房和城乡建设部机关直属单位培训计划
《住房和城乡建设部办公厅关于组织申报 2020 年科学技术计划项目的通知》（建办标函〔2020〕185 号）	住房和城乡建设部	2020/04	将城市信息模型（CIM）为重点申报方向之一

续表

政策及动态	发布机关	时间	内容摘要
《关于开展城市信息模型（CIM）基础平台建设的指导意见》（建科 [2020]59 号）	住房和城乡建设部等 3 部委	2020/06	建设基础性、关键性的 CIM 基础平台，构建城市三维空间数据底板，推进 CIM 基础平台在城市规划建设管理和其他行业领域的广泛应用
《关于成立全国智能建筑及居住区数字化标准化技术委员会 BIM/CIM 标准工作组的批复》（建智标 / 函[2020]46 号）	全国智能建筑及居住区数字化标准化技术委员会	2020/07	成立全国智能建筑及居住区数字化标准化技术委员会 BIM/CIM 标准工作组，负责开展 BIM/CIM 领域标准研制、主导或参与相关课题研究、跟踪参与国际标准化、标准宣贯推广及标准应用试点等工作
《住房和城乡建设部等部门关于推动智能建造与建筑工业化协同发展的指导意见》（建市〔2020〕60 号）	住房和城乡建设部等 13 部委	2020/07	通过融合多源信息，探索建立表达和管理城市三维空间全要素的城市信息模型（CIM）基础平台
《关于加快推进新型城市基础设施建设的指导意见》（建改发〔2020〕73 号）	住房和城乡建设部等 7 部委	2020/08	全面推进城市信息模型（CIM）平台建设。深入总结试点经验，在全国各级城市推进 CIM 平台建设，打造智慧城市的基础平台
《住房和城乡建设部等部门关于加快新型建筑工业化发展的若干意见》（建标规〔2020〕8 号）	住房和城乡建设部等 9 部委	2020/08	试点推进 BIM 报建审批和施工图 BIM 审图模式，推进与城市信息模型（CIM）平台的融通联动，提高信息化监管能力，提高建筑行业全产业链资源配置效率
《城市信息模型（CIM）基础平台技术导则》（建办科〔2020〕45 号）	住房和城乡建设部	2020/09	对城市信息模型（CIM）基础平台的定义、构成、特性、功能组成、平台数据体系、平台运维软硬件环境、维护管理、安全保障、平台性能要求等做出了明确的说明，是城市级 CIM 基础平台及其相关应用建设和运维的技术指导
《国务院办公厅关于以新业态新模式引领新型消费加快发展的意见》（国办发〔2020〕32 号）	国务院办公厅	2020/09	推动城市信息模型（CIM）基础平台建设，支持城市规划建设管理多场景应用，促进城市基础设施数字化和城市建设数据汇聚
《住房和城乡建设部关于开展新型城市基础设施建设试点工作的函》（建改发函〔2020〕152 号）	住房和城乡建设部	2020/10	将青岛市等 16 个城市列为新型城市基础设施建设试点城市，同时要求：全面推进 CIM 平台建设

续表

政策及动态	发布机关	时间	内容摘要
《住房和城乡建设部等部门关于推动物业服务企业加快发展线上线下生活服务的意见》（建房〔2020〕99号）	住房和城乡建设部等6部委	2020/12	利用CIM基础平台，为智慧物业管理服务平台提供数据共享服务
《住房和城乡建设部关于加强城市地下市政基础设施建设的指导意见》（建城〔2020〕111号）	住房和城乡建设部	2020/12	建立和完善综合管理信息平台，并与城市信息模型（CIM）基础平台深度融合，扩展完善实时监控、模拟仿真、事故预警等功能，逐步实现管理精细化、智能化、科学化
住房和城乡建设部召开新城建视频会议	住房和城乡建设部	2021/01	要求把新城建工作落地落实
基于CIM的智慧园区/社区建设白皮书启动编制	全国智能建筑及居住区数字化标准技术委员会	2021/02	启动《基础城市信息模型（CIM）的智慧园区技术指南》《基础城市信息模型（CIM）的智慧社区技术指南》，计划于2021年7月发布
住房和城乡建设部"新城建"（CIM）平台建设专家论证会在青岛理工大学举行	住房和城乡建设部	2021/03	探索领先的"新城建"工作机制和运转模式，以智慧城市为总平台、总引擎，提高城市基础设施服务能力
《中华人民共和国国民经济和社会发展第十四个五年规划和2035年远景目标纲要》	国务院	2021/03	完善城市信息模型平台和运行管理服务平台，构建城市数据资源体系，推进城市数据大脑建设
《加快培育新型消费实施方案》	国家发展改革委等18部门	2021/03	推动城市信息模型（CIM）基础平台建设，支持城市规划建设管理多场景应用，促进城市基础设施数字化和城市建设数据汇聚

　　2020年9月21日，住房和城乡建设部印发了《城市信息模型（CIM）基础平台技术导则》，并且于2021年对其进行了修订和完善。该导则对CIM的定义具体为："城市信息模型（City Information Modelling）以地理信息系统、建筑信息模型（BIM）和物联网（IoT）等技术为基础，整合城市地上地下、室内室外、历史现状与未来等多维度、多尺度信息模型数据和城市感知数据，构建起三维数字空间的城市信息有机综合体。"CIM基础平台应遵循"政府主导、多方参与，因地制宜、以用促建，融合共享、安全可靠，产用结合、协同突破"的原则，统一管理CIM数据资源，提供各类数据、服务和应用接口，满足数据汇聚、业务协同和信息联动的要求。CIM基础平台是CIM数据汇聚、应用的载体，是智慧城市的基础支撑平台，为相关应用提供丰富的信息服

务和开发接口，支撑智慧城市应用的建设与运行。CIM 基础平台应具备城市基础地理信息、建筑信息模型和其他三维模型汇聚、清洗、转换、模型轻量化、模型抽取、模型浏览、定位查询、多场景融合与可视化表达、支撑各类应用的开放接口等基本功能，宜提供工程建设项目各阶段模型汇聚、物联监测和分析仿真等专业功能。

　　住房和城乡建设部所发布的《城市信息模型（CIM）基础平台技术导则》中，所绘制的 CIM 平台总体架构如图 6-6 所示。该架构包括三个层次和两大体系。三个层次为设施层、数据层、服务层，两大体系为标准规范体系和信息安全与运维保障体系。横向层次的上层对其下层具有依赖关系，纵向体系对于横向层次具有约束关系。

　　横向层次中：

● 设施层应包括信息基础设施和物联感知设备；

● 数据层应建设至少包括时空基础、资源调查、规划管控、工程建设项目、物联感知和公共专题等类别的 CIM 数据资源体系；

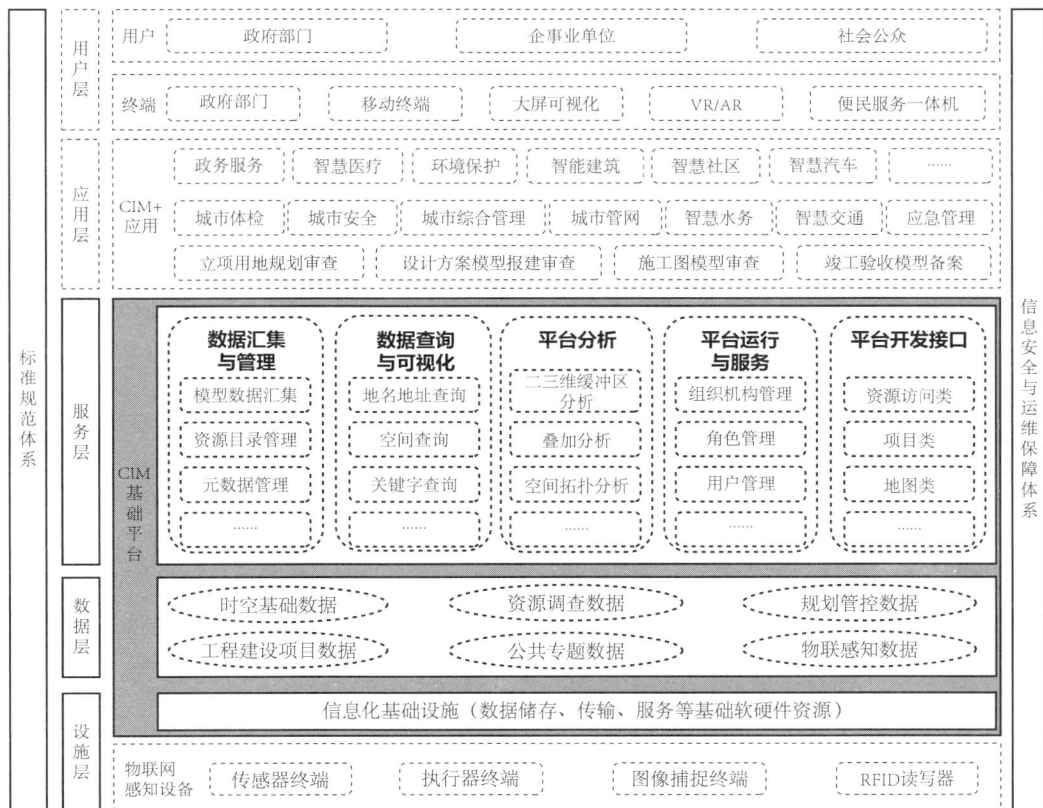

图 6-6　CIM 基础平台总体架构

● 服务层应提供数据汇聚与管理、数据查询与可视化、平台分析、平台运行与服务、平台开发接口等功能与服务。

在纵向体系中：

● 标准规范体系应建立统一的标准规范，指导 CIM 基础平台的建设和管理，应与国家和行业数据标准与技术规范衔接；

● 信息安全与运维保障体系应按照国家网络安全等级保护相关政策和标准要求建立运行、维护、更新与信息安全保障体系，保障 CIM 基础平台网络、数据、应用及服务的稳定运行。

《城市信息模型（CIM）基础平台技术导则》对城市信息模型和建筑信息模型单元的精细度进行了明确的划分。同时规定纳入 CIM 基础平台的城市信息模型，应至少达到表达包括建筑、交通设施、管线管廊等信息在内的实体三维框架和表面的基础模型，表现为无表面纹理的"白模"，可采用倾斜摄影和卫星遥感等方式组合建模。

CIM 的数据宜包括时空基础数据、资源调查数据、规划管控数据、工程建设项目数据、公共专题数据和物联感知数据等门类数据。

在功能方面，平台应实现数据汇聚与管理、数据查询与可视化、分析、管理与服务等功能，并且应提供丰富的开发接口或者开发工具包支撑智慧城市各行业 CIM 应用。

在维护管理方面，《城市信息模型（CIM）基础平台技术导则》对 CIM 基础平台的数据存储方面的格式、流程、坐标转换、格式转换、属性项对接转换等预处理工作、数据输入方式、数据更新的内容等，甚至对数据共享与交换内容、要求及交换频次都提出了相应的要求。

案例一：广州

2021 年 7 月，住房和城乡建设部于 2018 年所公布的"运用建筑信息模型（BIM）进行工程项目审查审批和城市信息模型（CIM）平台建设"试点城市之一广州，其 CIM 基础平台已经正式发布。该平台强调 CIM+6 大应用体系的结合：

1. CIM+ 工程项目建设和审批

广州 CIM 基础平台可辅助工程建设项目审批实现四个关键阶段的二、三维数字化报审。规划审查阶段，开发智能审批工具，实现了计算机辅助合规性审查，实现容积率、建筑密度等 12 项规划指标自动提取和计算机辅助生成"规划条件"，减少了人为计核误差和人工复核时间。

2. CIM+ 智慧工地

广州 CIM 基础平台可实现对全市 2000 多个工地的智慧化管理。可以查看工地的各类详细信息，如：在质量安全方面实现对深基坑、起重机械设备的可视化实时监测查看，对关键位置进行定点巡检等方式的巡检。

3. CIM+ 城市更新

广州 CIM 基础平台可实现广州市 183 条城中村改造项目的管理。可自动估算项目现状人口、单位、房屋、建筑面积等指标数据；实现了项目改造进度督办、资产投资情况监控；实现了项目现状和规划模型双屏比对，展示改造前后的效果、改造进程、周边配套设施和规划方案。

4. CIM+ 智慧园区

广州 CIM 基础平台构建涵盖地上地下、室内室外三维空间全要素数据试点示范区域，实现了企业、经济和审批等数据与三维单体模型的挂接，可运用"四标四实"、工程建设项目审批、入驻企业的经营收入和纳税等相关信息开展集成应用探索。

5. CIM+ 智慧社区

广州 CIM 基础平台创建基于 CIM 平台的智慧社区应用示范，加快推进信息技术、数字技术及产品在社区的应用，为社区群众提供娱乐、教育、医护等多种便捷服务，打通服务群众的"最后一公里"，满足政府服务、社区物业管理和居民生活需要。

6. "穗智管" 城市运行管理中枢

CIM 基础平台为"穗智管"城市建设、生态环境、智慧水务等主题建设提供数据底座，推动政务服务和城市管理更加科学化、精细化、智能化，通过"一网统管、全城统管"，建设感知智能、认知智能、决策智能的城市发展新内核。

◈ 案例二：南京 ────────────────────────●

南京作为另外一个试点城市，其 CIM 试点项目的总体设计于 2020 年 10 月通过了专家组验收，标志着南京市 BIM/CIM 试点项目取得了阶段性成果。

在技术框架方面，南京市已经编制完成了《城市信息模型（CIM）核心概念》《城市信息模型（CIM）数据安全规范》《城市信息模型（CIM）基础平台建设规范》《城市信息模型（CIM）基础平台服务规范》《城市信息模型（CIM）基础平台运行维护规范》《城市信息模型（CIM）基础平台推广应用指南》等南京市地方标准初稿。

在数据采集夯实平台基础方面，南京市开展了数据入库和平台集成，实现了南京市主城区 190km² 精模覆盖；同时，制作更新了全市 6587km² 简模数据，实现简模全域范围覆盖；此外，还完成了部分区域三维倾斜摄影数据采集建库工作。

在多源数据汇聚方面，南京市制定了 CIM 数据资源目录，通过数据治理、数据建库和服务接入等多种方式，汇聚集成了地理信息数据、规划管控数据、管理审批数据、工程建设项目数据、社会经济数据、城市管理和监测等数据共计 400 余个图层，基本构建起了涵盖二三维一体、地上地表地下一体、室外室内一体、历史现状规划一体的各类信息丰富的 CIM 底图。

南京市对"CIM+"各种应用的建设工作也在进行当中。例如，已经对 CIM+ 不动产管理进行了尝试，通过对三维不动产权籍表达模型建模方法进行研究，探索制定了城乡一体化房地不动产权籍表达标准、转换方法、建模工具、工艺流程，完成试点区域部分建筑的三维单体建模和房屋产权建模工作，并构建了二三维一体化展示原型系统。此外，还开展了 CIM+ 城市设计、CIM+ 历史文化名城保护等一批面向具体业务领域的应用初步探索。

延伸思考：

　　为了帮助无人驾驶汽车更好地适应、识别路面状况，我们作为建筑师／规划师，可以在道路系统上做些什么样的改变？

第 2 篇主要参考文献

[1] 中华人民共和国国家质量监督检验检疫总局，中国国家标准化管理委员会 . 智慧城市技术参考模型：GB/T 34678—2017 [S]. 北京：中国标准出版社，2017.

[2] 李伟建，龙瀛 . 空间智能体：技术驱动下的城市公共空间精细化治理方案 [J]. 城市治理，2022(1): 61–68.

[3] 张恩嘉，龙瀛 . 空间干预、场所营造与数字创新：颠覆性技术作用下的设计转变 [J]. 规划师，2020, 21(36): 5–13.

[4] 高艳丽，陈才 . 数字孪生城市——虚实融合开启智慧之门 [M]. 北京：人民邮电出版社，2019.

[5] 宋航 . 万物互联——物联网核心技术与安全 [M]. 北京：清华大学出版社，2019.

[6] 李辉，李秀华，熊庆宇，等 . 边缘计算助力工业互联网：架构、应用与挑战 [J] 计算机科学，2021, 48(1): 1–10.

[7] H. T. M. Gamage, H. D. Weerasinghe and N. G. J. Dias. A Survey on Blockchain Technology Concepts, Applications, and Issues[J]. SN Computer Science, 2020, 1: 114.

[8] 张纯，代成，夏海山 . 基于数据融合的城市轨道交通规划理论研究——BIM 与 GIS 一体化研究综述 ,[J]. 都市快轨交通，2020, 33(4): 14–23.

[9] 杨红梅，邱勤 .5G 智慧城市安全求与架构研究 [J]. 保密科学技术，2020(11): 13–17.

[10] 吴亚林，王劲松 . 物联网用传感器 [M]. 北京：电子工业出版社，2012.

[11] 李文钊 . 数字界面视角下超大城市治理数字化转型原理——以城市大脑为例 [J]. 电子政务，2021(3): 2–16.

[12] 辛超，姜振华 . 城市大脑的核心内涵与框架设计 [J]. 信息技术与信息化，2021(3): 214–217.

[13] 吴志强，甘惟，臧伟，马春庆，周竣，何珍，周新刚 . 城市智能模型（CIM）的概念及发展 [J]. 城市规划，2021, 45(4): 106–113.

[14] 王金祥 . 全面网络安全观下智慧城市安全保障体系建构探析 [J]. 电子政务，2016(3): 20–26.

[15] 杨红梅，邱勤 .5G 智慧城市安全需求与架构研究 [J]. 保密科学技术，2020(11): 13–17.

延伸阅读网络资料库：

第 2 篇：智慧城市技术——二维码网络数据资料库

第3篇

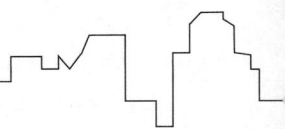

智慧城市实践

第 7 章　智慧城市规划与设计

● 导读问题 ●

1. 什么是智慧城市规划？
2. 什么是顶层设计？

如第 1 章所提到的，智慧城市本质是一种方式，而智慧城市规划的本质在于人充分借助万物互联互通所带来的势能，为市民创造更加和谐美好的城市。智慧城市规划两个关键领域之间的关系可以分为两个层次（图 7-1），即"智慧化提升城乡规划能力和解决城乡规划中所遇到问题的能力"和"智慧化所带来的思维转型促进了规划设计思想与理念的变革"。前者为提升城乡规划指导和服务智慧城市建设的能力，并且将积累的可靠经验和存在的问题反馈给智慧城乡规划与管理系统，使其不断完善。后者为智慧化的量变积累，导致了城乡规划思想与理念发生了质变。

智慧规划具有如下四大特征（图 7-2）。

● 系统性是指由于"智慧规划"具备收集和处理城乡的海量、动态信息数据的能力，从而应以整体系统性的矛盾为抓手，进行设计。相对于传统城乡规划模式而言，能够更加系统和整体地对城市发展问题进行分析、预测、规划和评估，并采取系统性的响应。

● 智能性是"智慧规划"的重要属性，指通过运用新一代信息技术等，快速及时地对城乡信息数据进行收集和分析，并根据需要建立模拟和预警响应系统，对城市发展问题实现智能化分析、预测、评估和行动。

● 共享性是实现"智慧规划"的前提，智慧规划所需的信息数据支撑系统是建

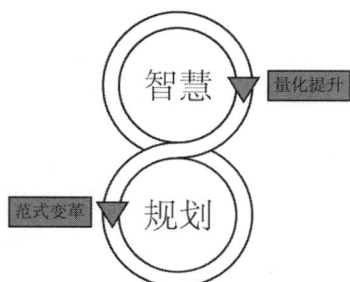

图 7-1　智慧城市实践：智慧与规划

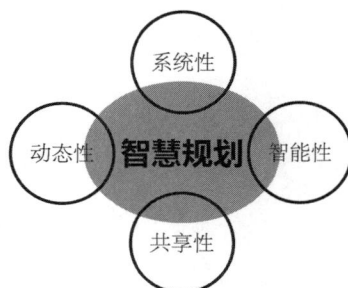

图 7-2　智慧规划的特征

立在整合共享来自不同行业、部门、属性以及统计口径的数据的基础上的，如果缺乏公共信息平台，智慧城市和"智慧规划"都将无从谈起。

● 动态性是指相对于传统城市规划模式，"智慧规划"由于能够掌握及时、动态的信息数据，并借用先进的处理技术，能够对城乡发展各种问题作出动态诊断和及时响应。

7.1　城市规划工作中的智慧化

城乡规划自身智慧化体现在城乡规划编制、实施和管理等方面。

城乡规划编制的智慧化指的是运用 ICT 以及多种计算机辅助绘图技术展开规划编制工作。比如，规划编制单位运用 GIS 技术和行业数据系统，对现状土地的适用性进行评定、对现状城乡空间结构和经济社会发展水平进行分析和评价，对城乡发展方向和各种方案进行可视化模拟、分析、优化、调整和综合判断，都大大提高了城乡规划编制的科学性和效率。规划编制过程所采用的可视化表达也使得过程、成果更加透明，有利于公众的理解与参与。

城乡规划实施智慧化主要是指运用新一代 ICT 技术对规划的实施方案、过程和结果进行动态描述、分析、评估和反馈，之后还可以对城乡规划实施本身进行动态监控和及时修正。比如，通过建立统一的数据支撑体系，对城市总体规划实施过程中的各种数据进行收集、整理、分析和评价，有利于动态了解和诊断城市总体规划实施中存在的问题，并做优化调整和有效干预，使城市发展与原本的规划愿景更加接近。在详细规划实施阶段，通过对具体项目实施方案、过程和结果进行动态监控、模拟和评价，可以及时掌握项目实施中的问题，判断项目实施是否符合既定规划要求，并能够对已经出现的问题进行及时纠正，将损失尽可能降到最低。

城乡规划管理智慧化主要是通过利用 ICT 技术对城乡规划管理工作中的各个环节进行动态监控和管理，并及时发现和纠正存在的问题，从而提高规划管理效率。比如，在整合用地现状、土规、总规、控规等各层次规划成果数据基础上，利用数据挖掘技术和地理信息技术等，对规划成果数据进行挖掘、叠加、筛选、整合，建成可视化的"用地一张图"和"剩余用地一张图"，为快速掌握剩余用地情况和项目选址提供了有力的数据支撑；同时通过对资料的有效管理和分析，使规划用地管理工作的脉络更清晰、管理更高效，为规划编制人员、管理者、开发商和公众提供更加可视化、便捷、友好、智能的城乡规划用地管理分析和决策支撑信息平台。

7.2 城乡规划中的智慧空间设计

移动设备、互联网的迅速发展，也造就了当今人们"虚拟、共享、碎片化、体验性"的生活状态。而新的生活状态，也必然导致现存城市空间设计理念与方法的转型。清华大学的龙瀛教授及其团队所提出的空间干预、场所营造与数字创新（Spatial Invervention, Place Making and Digital Innovation，简称"SIPMDI"），是指通过利用各种智慧化手段及智能设施，结合传统的空间干预和场所营造设计手法，将城市空间打造为智慧城市的空间投影和载体，以更好地满足当下人们的活动需求，并使城市空间具有自适应和节能的功能，提升空间的使用及管理效率，提高空间活力，实现空间"安全舒适、高效节能、弹性使用、智能监管、趣味活力"的美好愿景。

数字化与创新化作为 SIPMDI 的核心，使得转型后的设计理念在以下三个方面得到了显现：

● 物理环境：使得空间的弹性使用、边界的"软化"、自动化微气候调节、空间的活化和互动等成为可能。例如，可利用自动升降装置或者交互照明设施等"软边界"来替代原本栅栏、台阶等固定的"硬边界"。

● 社会环境：可以通过可穿戴设备、应用、互动设施等手段，促进人与人、人与空间在设计场地的互动交流，以更加多样化的方式进行场所塑造。例如，可以通过手机应用、网上互动平台等，收集使用者对于场地的情绪反馈，从而对设计进行有针对性的改进优化。

● 虚实环境：除了真实的建成空间，建筑师和规划师的工作范围也将延展到虚拟现实的空间以及虚实空间的界面，通过将虚拟空间的自由开放、非中心性、动态生成性和多感知性的特征充分利用起来，让它们以基于三维建模的场景展览、基于全景照片与新媒体互动的远程游览、基于物理空间的游戏场景构建等形式，为现实空间赋能。

7.3 智慧城市与城市规划是相辅相成的关系

如何运用智慧城市模式解决城乡规划中遇到的新型实际问题，是"智慧城市规划"的核心。当前城乡发展和转型面临的挑战越来越复杂，依靠传统的城乡规划解决方案难以有效应对，智慧城市模式不仅如上文所述，为解决这些问题提供了全新的思路，还引导城市规划本身发生了范式的改变：

（1）城市规划原则变得更加全面和创新

在智慧城市模式之下，城市中各个部分相互关联的关系更加显著，例如，经济发展了、能耗与社会安全共同进步，才能保证社会的正常运转。在智慧城市模式下，人们对这种动态关系的失衡有更加敏锐的预见性，从而保证城市规划的原则变得更加全面，并且促使人们使用更加创新的方式去面对此类新型挑战。

（2）城市规划管理人员需要自觉地加强和完善关于信息化、网络化和智能化方面的智慧城市规划知识和综合能力

与城市发展历史相比，智慧城市本身是一个很新的概念，所遇到的挑战和机遇都十分新颖。规划师和建筑师在自觉地提升自己专业知识的同时，也需要提高智慧素质和人文素质（图7-3），挖掘城市发展潜力，创造高质量的城市，为市民带来符合时代的幸福感与获得感。

图 7-3　人们在培养自己的专业能力时，也不要忘记培养自己的智慧素质和人文素质

有时候，人们会为机器学习和人工智能解决问题的能力而感到震撼，例如，它们在短短几秒钟内就能产生成千上万种设计方案，从而对今后是否还需要设计师产生了怀疑。其实，这只是新技术为设计师赋能的体现之一。例如，虽然有成千上万种方案，但是现实中仅仅需要一个，而究竟哪一个是最优方案，以及选择最优方案的底层价值观是什么，都必须要由"人脑"来进行抉择才可以。如果说新时代的科学技术为设计师带来了新的机遇，而如何选择最优方案，则是设计师所遇到的新挑战。"人工大脑"不会完全替代设计师的"人脑"，但设计师需要积极地顺应时代发展，在对技术把握和人文意识上，实现智慧时代的转型。

7.4　智慧城市的顶层设计

7.4.1　智慧城市顶层设计的概念

顶层设计（Top-down Design）指的是控制性的、自上而下的、由整体到细部逐渐细化的工程系统设计。与其相对应的是自发的、自下而上的设计（Bottom-up

Design）。由于顶层设计更加强调整体性、框架性、结构性和各个功能之间的协调性，因此其结果更加可控，但操作难度大，可调整的灵活度较为受限。

我国于 2010 年在国家层面的政策文件《国民经济和社会发展第十二个五年规划纲要》中，提到要"重视改革顶层设计和总体规划"，引起了各行各业对于顶层规划的重视。对于智慧城市来讲，指的是从城市发展的全局视角出发，对智慧城市的各个层次、各个要素进行系统化的统筹考虑和设计，实现智慧城市发展的总体目标。根据《智慧城市顶层设计指南》GB/T 36333—2018，智慧城市顶层设计（Smart city Top-level Design）的定义是：从城市发展需求出发，运用体系工程方法统筹协调城市各要素，开展智慧城市需求分析，对智慧城市建设目标、总体框架、建设内容、实施路径等方面进行整体性规划和设计的过程（图 7-4）。

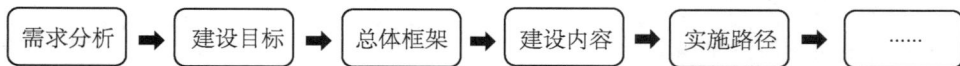

需求分析 ➡ 建设目标 ➡ 总体框架 ➡ 建设内容 ➡ 实施路径 ➡ ......

图 7-4　智慧城市顶层设计的内容

顶层设计从根本上来说，是从时空维度上对智慧城市的发展战略和路线进行整体规划。其成功不仅取决于技术和资源，更取决于方案中所蕴含的理念和实施保障的措施。针对设计方案的全局观念和所工作内容来讲，可以从国家、省市和区县这几个层次分别进行考虑。

7.4.2　国家层面的顶层设计策略

国家在智慧城市顶层设计方面主要是起到宏观推动以及对于大方向发展路线把控的作用，包括政策、法律法规和评价标准的制定。以我国为例，于 2012 年开始首次在国家政策《国务院关于印发工业转型升级规划（2011—2015）的通知》中公开关于智慧城市的建设事宜，并且于 2014 年先后配合该政策，出台了《国家新型城镇化规划（2014—2020）》和《关于促进智慧城市健康发展的指导意见》。在 2016 年的《"十三五"国家信息化规划》中，提出了"新型智慧城市"的概念，并且将建设重点聚焦在"以人为中心"和"安全可靠"的城市建设上。除此之外，为确保智慧城市的规划质量，相继出台了《关于开展国家智慧城市试点工作的通知》《国家智慧城市（区、镇）试点指标体系（试行）》《国家智慧城市试点暂行管理办法》《国家智慧城市试点过程管理实施细则（试行）》等政策导则。

　　为了规范智慧城市的建设质量，确保能够对它们进行横向对比，国家于 2016 年发布了《新型智慧城市评价指标》GB/T 33356—2016，并且根据该标准，每隔几年对全国范围内的智慧城市进行集中评价，以掌握我国智慧城市发展的水平，并且形成《智慧城市发展报告》。除此之外，还有《智慧城市技术参考模型》GB/T 34678—2017、《智慧城市评价模型及基础评价指标体系第 4 部分：建设管理》GB/T 34680.4—2018、《智慧城市领域知识模型核心概念模型》GB/T 36332—2018、《智慧城市顶层设计指南》GB/T 36333—2018、《智慧城市软件服务预算管理规范》GB/T 36334—2018、《智慧城市 SOA 标准应用指南》GB/T 36445—2018，以进一步加强智慧城市的标准化建设。

　　在国外，各国政府更加倾向于精准结合本国现有优势，进行智慧城市发展政策的制定。例如，日本和韩国都于 2004 年制定了下一步国家信息化战略"u-Korea"和"u-Japan"，其中"u"来自于英文 ubiquitous（无处不在）的第一个字母，也就是借用该国的信息通信技术及相应的基础设施，推出一个"无所不在"的信息社会。在日韩两国，研究与应用、技术与服务、信息产业与整个社会生产之间联系紧密且互相支持。欧盟则于 2005 年由欧盟委员会通过了"i2010"的五年发展规划，它旨在推动欧洲的数字经济的发展。在该计划中，特地提出了"包容性信息社会的建设"，包括制订以公民为中心的电子政府行动计划、智能化交通工具、数字图书馆、消除"数字鸿沟"等建议。表 7-1 列出了各个国家的智慧城市建设开始的标志性事件及其开始时间。

世界主要发达国家智慧城市建设开始时间和标志性事件　　　　　　　表 7-1

国家（地区）	开始时间	标志性时间
韩国	2004 年 3 月	"u-Korea"发展战略
日本	2004 年	"u-Japan"发展战略
欧盟	2005 年 7 月	"i2010"战略
新加坡	2006 年	"智慧国家 2015 计划"
美国	2009 年初	经济复兴计划进度报告
英国	2009 年 6 月	"数字英国"计划

7.4.3 省市级层面的顶层设计策略

根据《新型智慧城市发展报告 2018-2019》，我国东部地区智慧城市发展水平在全国领先，中部地区发展水平大幅提升，长三角城市集群建设成效高，城市集群内城市建设成效相对均衡。因此，各个省份需要针对智慧城市发展水平（详见本书第 1 篇第三章中的新型智慧城市评价指标），制定适合自己的顶层设计策略。省、市级层面主要是在国家政策方针的基础上，以顶层设计为抓手，对智慧城市的建设进行推进，常见的三种推进模式有：

（1）对于已处于成长期的智慧城市：以城市为主体推进智慧项目建设，发展经验全省推广

已处于成长期的智慧城市，平台化、智能化应用服务等已经取得了初步成效，下一步需要通过促进三融五跨[1]，提升惠民服务实效和市民体验。省市级政府在此类智慧城市顶层设计中，发挥的是统筹、规划和协调的作用，各地市为责任主体，基于原有的基础资源和诉求，形成独特的发展思路、目标与路径。各地市选取自己有优势的重点建设领域，结合现有的发展基础、条件和已有的资源分配布局，建设智慧项目。取得一定的成效之后，将建设经验进行复制和推广给其他类似的城市。

以浙江省为例，省级政府在制定顶层设计方案之后，各地市作为责任主体，根据自己的信息化发展程度和特征，选取一至两项试点项目作为专项试点进行启动，从而可以更集中、更精细化地打造出智慧城市品牌项目。浙江省的宁波市作为重要的国际港口和物流节点中心，立足于自身的发展和产业基础，为智慧物流的落地提供了强大的支撑。

（2）对于处于起步期的省市：以部门、行业为单位，加强智慧城市顶层设计

在智能基础设施建设和信息化应用方面已经有一定基础，个别领域应用已经初见成效的省市，智慧应用和信息资源整合利用是下一步提升建设实效的关键。为了避免顶层设计整体性和统筹性不足而导致的重复性建设系统，省市所需要起到的作用是结合实际需求，加强各地市在智慧城市的目标架构、业务架构、数据架构、技术架构、安全架构和支撑保障体系方面的系统性设计。通过明确相关主体的定位、职责和关联关系、规范软件、接口、体系关系等关键要素，为省市的智慧城市顶层设计提供指导和约束。

---

1 即技术融合、业务融合、数据融合，实现跨层级、跨地域、跨系统、跨部门、跨业务。

例如，北京市经济和信息化委员会于 2012 年，组织相关部门制定"智慧北京"的顶层设计。《智慧城市顶层设计总则》在市级重点领域、区县、部门和行业这三个层次明确了设计责任主体和重点设计领域，并且对各领域、各单位之间相互衔接的处理提出了明确的要求。

（3）对于尚处于准备期的省市：以省级层面重大建设项目为牵引，省市联动协同推进

尚处于智慧城市准备期的省市，智能设施建设和简单信息化应用还未完成，重点方向是加强体制机制和信息资源整合利用的统筹规划和集约建设。此类城市所需要面对的是建设内容广、任务杂、推进难的挑战。由于本地智慧城市发展基础较为落后、相关的主观认识和发展理念均有欠缺，有可能需要在地方执政者主观认识、发展理念的限制性和现有的城市管理体制机制进行改革和创新必要性这两者之间进行矛盾的协调。其导致的相关部门之间的关系难以打通，是制约地方智慧城市发展的瓶颈之一。这就需要省直管部门来承担责任主体的任务，以业务线条为抓手，明确各级政府的职能和责任，加强省、市归口部门对接和联动，促进领域间的跨领域资源共享和业务协同，推动政务服务流程的优化和创新。

例如，陕西省于 2014 年发布了《陕西省人民政府关于促进信息消费扩大内需的实施意见》，明确信息基础设施建设水平显著提升、信息消费规模快速增长和信息化建设取得长足进展这三项为发展目标，以"数字陕西—智慧城市""宽带陕西"等为重点任务，对重点任务分工的责任主体和时间进度给出了明确的指示。

7.4.4　区县级层面的顶层设计策略

在区县级层面上，通常地区产业特色鲜明，但由于产业格局限制、综合实力较弱、资金来源后续乏力、建设预期与建设能力相互错位、受制于省、市垂管系统影响，建设限制较多。因此需要考虑如何在产业类型上、资金支持上，保持微小产业的可持续发展，或者为特色产业赋能、做大做强，是智慧城市顶层设计考量的核心之一。

因此，需要充分发挥本地的产业特色，挖掘资源潜力，准确定位该区县在本市 / 省、全国甚至全球的产业定位，成为产业不可或缺的一环。通过巧妙借力上一级区域，放大核心优势，形成倍增效应。同时，更要注重本地与大区信息通信资源的有机结合，形成数据内外双循环，提前做好建设时序和路径的规划，避免盲目投入，造成多重建设和投资浪费。区县与省市相比，在智慧城市的顶层设计方面，要更注重小而美、特

而精的方式，成为链接省级城市和美丽乡村的衔接点，合理设计智慧应用规模，有机衔接上级区域的智慧资源，一方面利用信息化手段做优做亮县域特色支柱产业，另一方面推进城市公共服务延伸下沉，形成新型城乡协同发展。

例如，义乌市以小商品批发市场为中心，有雄厚的贸易、物流和服务基础。2012年，义乌"智慧商城"是浙江省唯一一个由县级单位承担的省试点智慧城市建设示范点项目。智慧城市顶层设计理念在义乌升级成为享誉全球的小商品批发中心的发展过程中，起到了决定性的作用。

7.5 智慧城市规划方法与技术

智慧城市的顶层设计和规划建设都是一个需要多领域综合、多主体联合和多过程融合的过程。在此，可以《智慧城市 顶层设计指南》GB/T 36333—2018、《国家智慧城市（区、镇）试点指标体系（试行）》（建办科〔2012〕42 号）等标准规范和政策导则为准，对设计进行指导。

7.5.1 顶层设计模型

根据《智慧城市顶层设计指南》GB/T 36333—2018，智慧城市顶层设计的基本过程如图 7-5 所示，大体来讲可以分为需求分析、总体设计、架构设计和实施路径设

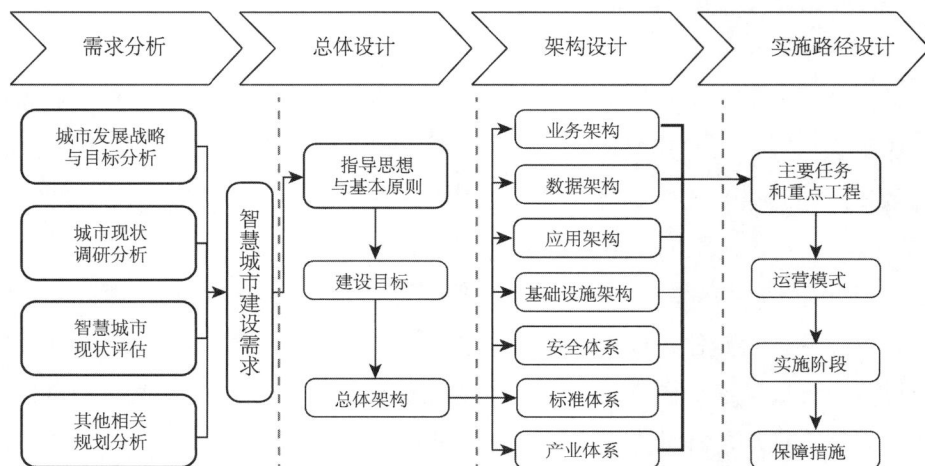

图 7-5 《智慧城市顶层设计指南》GB/T 36333—2018 的智慧城市顶层设计基本过程

计这四项内容。在开展后三项活动中的过程中，应针对上一项活动的输出内容进行检验并反馈（表 7-2）。

在需求分析部分的主要内容为通过城市发展战略与目标分析、城市现状调研分析、智慧城市现状评估、其他相关规划分析等方面的工作，梳理出政府、企业、居民等主体对智慧城市的建设需求。

在总体设计中，需要在对上一需求分析活动输出的基础上，确定智慧城市建设的指导思想、基本原则、建设目标等内容，识别智慧城市重点建设任务，提出智慧城市建设总体架构。

在架构设计部分，需要依据智慧城市建设需求和目标，从业务、数据、应用、基础设施、安全、标准、产业七个维度和各维度之间关系出发，对业务架构、数据架构、应用架构、基础设施架构、安全体系、标准体系及产业体系进行设计。

在实施路径设计时，需要依据智慧城市重点建设任务，提出智慧城市建设重点工程，并明确工程属性、目标任务、实施周期、成本效益、政府与社会资金、剪短建设目标等，设计各工程项目的建设运营模式、实施阶段计划和风险保障措施，确保智慧城市建设顺利推行。

《智慧城市顶层设计指南》GB/T 36333—2018 智慧城市相关活动的输入与输出　　表 7-2

活动		输入	输出
总体设计	一般要求	智能城市总体设计一般要求	智能城市总体设计概述
	指导思想与基本原则	城市总体规划 国家发展战略 城市现状调研（城市发展需求） 智慧城市建设需求	智慧城市建设指导思想 智慧城市建设基本原则
	建设目标	城市战略定位 城市发展目标 智慧城市建设需求 ……	智慧城市建设总体目标 智慧城市建设细分目标 智慧城市建设阶段性目标 智慧城市建设阶段重点 ……
	总体架构	智慧城市建设需求	总体构架
架构设计	业务架构	智慧城市建设需求（业务现状与需求） ……	城市业务架构 城市业务架构内的映射关系 ……

续表

活动		输入	输出
架构设计	数据架构	智慧城市建设需求（数据资源现状与需求） 智慧城市建设需求（数据共享现状与需求） ……	数据资源框架 数据服务 数据标准 数据治理 ……
	应用架构	智慧城市建设需求（系统功能现状与需求） 业务架构 数据架构 ……	系统总体架构 公共支撑系统 重点建设系统 系统建设要求 系统接口关系 ……
	基础设施架构	智慧城市建设需求（基础设施性能、接口等方面的需求） 智慧城市现状评估（基础设施现状评估） 应用架构 ……	物联感知基础设施设计 网络通信基础设施设计 计算存储基础设施设计 数据与服务平台基础设施设计 ……
	安全体系	智慧城市现状评估（网络信息安全评估） 智慧城市建设需求（网络信息安全建设现状与需求） 基础设施架构 ……	安全体系框架 安全部署架构 ……
	标准体系	智慧城市建设需求（法规制度及标准化需求） 业务架构 数据架构 应用架构 基础设施架构 ……	标准体系框架 建议制修订标准清单 标准化研制路线 ……
实施路径规划	主要任务	城市现状调研分析（信息化建设重点） 智慧城市建设需求 ……	智慧城市建设项目 重点工程（含目标、内容、时间、主要牵头单位等） ……

活动		输入	输出
实施路径规划	运营模式	城市现状调研分析（城市资金投入情况） 成熟商业模式及投融资模式分析 ……	总体投资估算及建设运营模式建议 重点工程投资估算及建设运营模式建议 ……
	实施阶段	智慧城市建设现状与目标差距分析 智慧城市建设工程项目优先级分析 ……	智慧城市建设过渡路径 智慧城市建设实施阶段划分及各阶段目标、任务 ……
	保障措施	智慧城市建设需求分析 ……	组织保障措施 考核保障措施 政策保障措施 技术保证措施 运维保障措施 人才保障措施 宣传推广措施 ……

　　有学者根据研究提出了智慧城市顶层设计过程模型如图 7-6 所示。即先由各方面资深专家根据他们丰富的经验和对该城市现状的了解，对该城市的现状、特色、长处、短处、建设需求等进行判断，从而提出适应当地情况的智慧城市建设愿景目标。以此为前提，对实现该愿景目标提出解决途径和相应的顶层设计模型。通过统计数据、资料、类似案例分析等，从客观、理性角度对模型的可行性进行验证，必要时对模型进行反

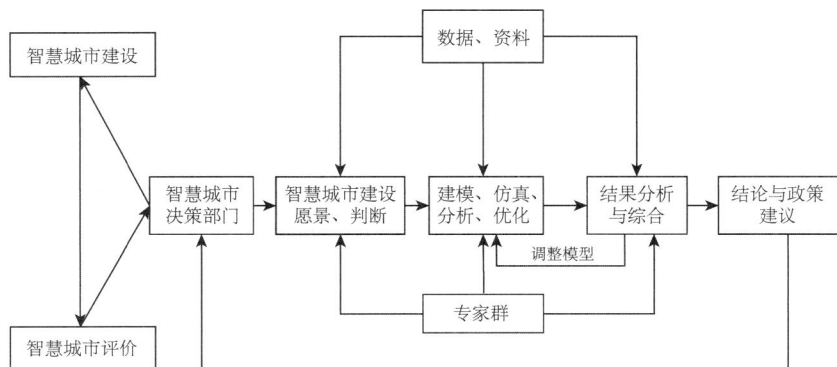

图 7-6　智慧城市顶层设计过程模型

图 7-7　国家智慧城市（区、镇）试点指标体系框架图

复调整，直至得到最优模型，将结论和政策建议递交给智慧城市决策部门，由他们进行智慧城市建设。在建设期间，可以利用现有的智慧城市评价，反复检测智慧城市建设的质量，在过程中对顶层设计模型进行一定程度的改善。

7.5.2　规划设计路线

城市规划任务种类众多、任务繁杂，给出一个能够涵盖全部设计任务类型的规划设计路线图几乎是不可能的。但是，智慧城市与一般城市规划设计路线不同之处，在于其多领域综合、多主体联合和多过程融合的设计过程，所以更加需要注重与智慧城市顶层构架和各级政府给出的指标评价体系进行反复对照，在所给出的城市系统框架内进行渐进式、精细化的规划。在制定规划实施目标时，可以根据顶层设计的时间表，制定多层次、分步实施的规划目标体系。制定短、中、长期规划理念，要注重智慧城市规划目标的"动态"和"弹性"，要根据城市的社会、经济发展和城市建设的具体进展不断做出动态调整。规划方法需要弹性和灵活性，规划控制指标也要从刚性控制向弹性引导转变。

在进行具体规划时，可参考如《国家智慧城市（区、镇）试点指标体系（试行）》在内的国家智慧城市试点申报的重要支撑文件。如图 7-7 所示，该体系包括 4 项一级指标、11 项二级指标、57 项三级指标以及相应的技术说明。以下对与建筑类专业相关度较大三级指标进行说明：

● 城市公共基础数据库：指建设城市基础空间数据库、人口基础数据库、法人基础数据库、宏观经济数据库、建筑物基础数据库等公共基础数据库。

● 城市公共信息平台：指建设能对城市的各类公共信息进行统一管理、交换的信息平台，满足城市各类业务和行业发展对公共信息交换和服务的需求。

● 城乡规划：指编制完整合理的城乡规划，并根据城市发展的需要，制定道路交通规划、历史文化保护规划、城市景观风貌规划等具体的专项规划，以综合指导城市建设。

● 数字化城市管理：指建有城市地理空间框架，并建成基于国家相关标准的数字化城市管理系统，建立完善的考核和激励机制，实现区域网格化管理。

● 建筑市场管理：通过制定建筑市场管理的法律法规，并利用信息化手段促进政府在建筑勘察、设计、施工、建立等环节的监督和管理能力提升。

● 房产管理：指通过制定和落实房产管理的有效政策，并利用信息技术手段进行房产管理，促进政府提升在住房规划、房产销售、中介服务、房产测绘等多个领域的综合管理服务能力。

● 园林绿化：指通过遥感等先进技术手段的应用，提升园林绿化的检测和管理水平，提升城市园林绿化水平。

● 历史文化保护：指通过 ICT 技术手段的应用，促进城市历史文化的保护水平。

● 建筑节能：指通过信息技术手段的应用，提升城市在建筑节能监督、评价、控制和管理等方面的工作水平。

● 绿色建筑：指通过制定有效的政策，并结合信息技术手段的应用，提升城市在绿色建筑的建设、管理和评价等方面的水平。

省、市级国家智慧城市建设标准一般来讲是对国家标准的延续和细化，在规划设计时，也应反复对照参考其对建设成果的要求和形式。

例如，江苏省智慧城市（试点）的城市验收指标体系基本上与《国家智慧城市（区、镇）试点指标体系（试行）》一致，其验收思路图如图 7-8 所示。智慧城市试点建设验收工作由江苏省住房和城乡建设厅（科技厅）进行，验收程序包括初验收、整改和终验。试点城市提出（预）验收申请后，验收专家组（至少有一名国家级智慧城市专家）将对照验收标准，对《国家智慧城市创建任务书》规定的内容进行（预）验收。验收指标库中，各试点城市的共性考核指标为控制项指标，是衡量该试点城市能否通过验收的刚性条件；其他指标作为一般项指标，作为衡量试点智慧城市建设的弹性指标，

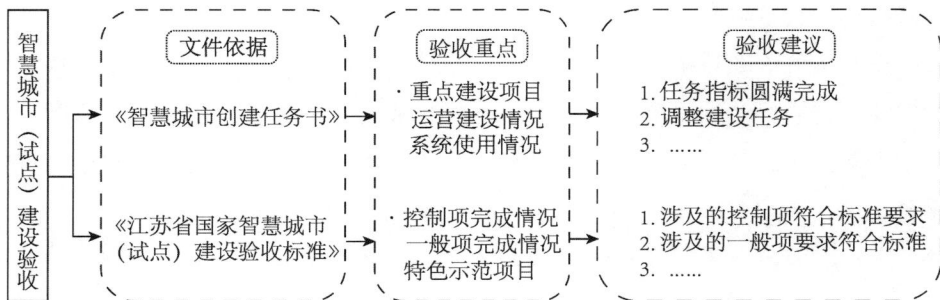

图7-8　江苏省智慧城市（试点）验收思路图

不作为衡量试点智慧城市建设的强制条件，从而更多地发挥指引下一阶段江苏省智慧城市建设与管理的作用。

　　智慧城市的规划要对本专业内的设计要求进行反复斟酌，更需要对其周边领域、主体和过程进行全方位地融合，需要考虑全方面因素循序渐进的设计过程。智慧城市规划设计的理念、方式、指标和目标，都要根据智慧城市本身的智能基础设施建设情况、信息化应用、信息资源整合程度甚至智慧市民的素质水平等具体情况而进行动态变化调整，这是它与传统城市设计最大的不同。

延伸思考：

本书第3章的几个智慧城市评价指标体系，它们在哪些方面可以与国家智慧城市（区、镇）试点指标体系进行有机融合？

第 8 章　智慧城市的运维管理及评价

导读问题

1. 智慧城市运维管理的基本概念是什么？
2. 智慧城市运维管理中，有哪些重要的角色？

8.1　智慧城市运维管理的基本概念

借助《2021 百度智慧城市白皮书》的定义，可以将智慧城市运维管理理解为通过"城市大脑"，实现城市全时空要素立体感知、全流程数据安全共享、全方位 AI 能力共用、全业务系统应用支撑、全场景智能协同指挥。

8.1.1　智慧城市运维管理的基本模型

根据《智慧城市技术参考模型》GB/T 34678—2017 的定义，智慧城市的建设包括规划、设计、建设和运维四个阶段（图 8-1）。

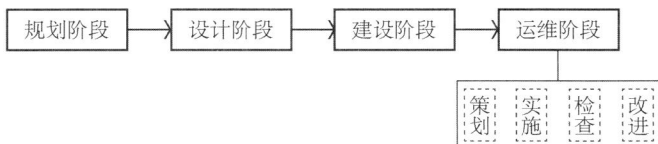

图 8-1　智慧城市建设的四个阶段

运维阶段包括的四项内容为策划、实施、检查和改进。智慧城市运维管理体系应对运行维护服务能力进行整体策划，提供必要的资源支持，实施运行维护服务能力管理和服务内容，保证交付质量满足服务级别协议的要求，对运行维护服务结果、服务交付过程以及相关管理体系进行监督、测量、分析和评审，并实施改进。

8.1.2　智慧城市运维管理的影响因素

影响智慧城市运营维护能力的因素包括治理体系、经济要素、技术支撑和数据应用（图 8-2）。

● 治理体系：政策环境与法规体系是智慧城市建设能够顺利实施的重要前提。

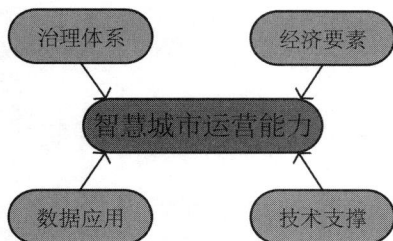

图 8-2 智慧城市运营能力影响因素

智慧城市的建设与发展，需要各级发展战略、政策和指导性文件的支持，而它们也是城市健康运营的必要前提。特别是在注重多方主体需要共同参与城市治理的趋势下，综合治理体系应该如何搭建、多元主体之间的职责、权利等应该如何协调，都是治理体系需要考虑的内容。

● 经济要素：智慧城市的运营，就是把城市中可以经营运作的信息资源，借助信息化手段，通过对其相关权益的市场化运作，广泛地利用社会资金进行建设，以期实现资源配置的最大限度优化和最佳的效益。因此，应对不同的建设场景选择不同的建设运营架构是提升智慧城市资源配置的最优方法。而智慧城市在经济上的运营模式，分为政府独营和市场运作两大类型：

• 政府独营模式，即项目是由政府进行投资、建设、推动，建成之后的工程所有权归政府所有。具体的工程建设和运营管理可以由政府负责，也可以外包给运营商或者社会资源。本模式主要适用于必须由政府投资的，涉及公共安全、行政管理等领域的项目。此类项目前期投资较大，涉及的政府部门较多，且后期带来的商业价值不明显的项目。

• 市场化运作：由政府和社会资本共同参与项目工程的建设，两者也可以共同对工程进行运营维护。采用此种模式可以将市场化的效率和服务优势最大化，通过社会资本减缓政府的财政压力，加快工程的建设。此模式下，常见的方式有 PPP 模式（Public-Private-Partnership，政府与企业合作模式）、BOT 模式（Build-Operate-Transfer，"建设—经营—转让"模式）、BT 模式（Build-Transfer，"建设—移交"模式）和社会资本投资建设和运营，政府购买服务，支付租赁费等模式。

● 技术支撑：指的是让智慧城市能够运行的软硬件、标准、平台等所形成的系统架构。该技术必须具备下列特点：

• 可靠：能够抵御威胁城市正常运行的各种风险；

• 可拓展：能够让各种技术方案之间进行兼容，在后续阶段还可以根据应用范围和数量进行拓展；

• 安全：可以保证软硬件都可以对攻击进行有效抵御和防护；

• 有技术标准：各类的技术需要相关标准。

● 数据应用：城市数据经过收集、储存、处理后，可以在智慧城市的各项运营系统中进行应用的各项活动总称。数据需要实现安全、共享和开放之间的平衡状态。随着人们对于数据安全意识不断提高，以及各类保护数据安全的法律法规相继出台，曾经粗放式的数据收集与共享受到了挑战，使得互联网公司更加难以收集和利用用户的隐私数据，数据孤岛状态又得到了加强。因此，想要达到更好利用数据的目的，就必须以确保隐私保护和数据安全为前提条件，在不同的组织、公司与用户之间进行数据共享与数字开放。

8.2　智慧城市运维管理的重要角色

一般来讲，政府、企业、科研型单位（高校、研究所）和市民（公众）角色在智慧城市运营管理中起到至关重要的作用（图 8-3）。

政府：一般拥有管理者和引导者的双重身份，负责城市整体发展定位和管制创建、运营、管理智慧城市大环境。例如，通过优秀人才引进培养计划、知识转让奖励制度、搭建创业孵化基地等措施为智慧城市创新提供相应的客观条件。

根据政府的具体作用，可以将智慧城市的发展模式分为"自上而下"和"自下而上"两种类型。

在"自上而下"的发展模式中，政府负责对该城市的发展模式和目标进行定位，并且制定相应的发展计划。作为组织者，需要引导企业、高校/研究所和市民/公众的参与。在政府的领导和管控下，城市发展方向明确，其发展战略的整体性、贯彻性和延续性强。有一个明确的领导主体时，智慧城市建设可以达到动态迭代的效果，即创新、管理和运营的经验可以得到有效的积累。例如，伦敦、北京等智慧城市的发展均采用了"自上而下"的模式。

在"自下而上"的发展模式中，企业、高校/研究所、市民为智慧城市创新实践的主力军，而政府主要的作用为扶持，甚至是幕后支撑的作用。此种模式虽然没有明确的整体发展方针，但是由于是自下而上对城市的智慧化进行倒推，所以项目会以市场实际紧迫需求为出发点，确保了项目的实用性和可推广性。在这种模式中，政府在确保智慧城市创新、发展、建设、运营和管理的健康大环境方面，有着至关重要的作用。例如，阿姆斯特丹、杭州的发展均使用了此种模式。

大型企业：是智慧城市的具体建造者，负责提供智慧城市的平台、技术和服务，例如建设具体的基础设施、收集储存相关数据、建设平台等。他们被具体的项目所驱动。在"自上而下"的发展模式中，项目来自于政府所设定的发展任务；而在"自下而上"的发展模式中，项目则来自市场的需求。企业本身的业务类型和业务能力决定了智慧城市的规模、质量和类型。

以武汉市为例，2010 年政府提出了"瞄准世界顶尖水平，面向全球公开征集智慧城市顶层设计"的战略构想和"顶层设计与重点示范齐头并进"的智慧城市建设思路，并且决定投入 1000 万元进行智慧城市顶层设计。中国航天科工集团以第一名成绩中标。2012 年，发布了《武汉智慧城市总体规划与设计》。2013 年启动了 1.75 亿元的建设招标，最后由微软（中国）有限公司中标，负责组织项目的具体实施。

高校/研究所/初创企业（以下统称为科研型单位）：是智慧城市创新发展的引领者，决定了智慧城市的创新程度。一般来讲，大型企业和科研型单位是互相协作的关系。在"自上而下"的发展模式中，当项目所涉及的范围很大的时候，政府会偏好有实力、有经验的大型企业进行项目主导。在项目的实施末端环节，会将项目分包给科研型单位，在具体场景中实施和搭建，以便节省人力和成本。

在新型智慧城市项目中，创新导入则来自于科研型单位。相对于大型企业来说，科研型单位对市场需求的反应更加灵敏、可以快速开发出符合基层需求的原型，是智慧城市创新产业真正的先头部队。然而，到了产品不断成熟的后期阶段，他们需要大型企业的帮助，利用批量部署对产品进行赋能加速，利用商业上成熟的技术对产品进行加持。以高校为主要代表的科研型单位除了在一线进行快速创新之外，也会负责智慧城市的标准制定和建设评价等研究性工作。

以健康码为例，在 2020 年初，新冠肺炎疫情发生后，人们仍旧是靠的是"人海战术"登记填表，采用原始的方式进行疫情防控，效率十分低下。在此形势下，同样，由浙江大学宁波理工学院的教师和学生组成的团队，在两天之内开发出了宁波"甬行码"的原型并且上线。然而，由于没有大型企业的资源加持，从上线到基本排除漏洞所用时间很长。最后，在宁波联通的支持下，终于克服了资源和能力的瓶颈（例如，提供了云计算所需的大量服务器支撑，引入了手机漫游数据进行比对）。最后，再通过市一级政府进行协调，甬行码 4.0 成功上线并且升级为全省健康码，推广至全省进行使用。在此引领下，全国各省市，乃至全国通行的健康码迅速得以大规模使用。

市民/公众：智慧城市的核心特征是以人为本，市民和公众是智慧城市的最终使用者和真正受益者。在智慧城市实施的过程中，将技术下沉到基层、可以提高城市的自治能

图 8-3 智慧城市高效的运维管理需要政府、企业、科研型单位和市民的共同努力

力；通过提高公众参与的积极性，既可以调动社会的各方面资源，同时也保证了智慧城市的稳定性和可持续性。例如，在疫情期间，人们发现城市管理需要纳入城市里最小的组成单元——人。通过健康码这项创新防疫模式对个人的信息进行多维度的记录，可以有效地掌握疫情的情况；但同时，还需要通过基层人员协同防疫系统开展数据信息的收集，是有效收集人员流动、人员状况等关键数据的重要保障。

8.3　案例

8.3.1　城市案例

无论是发展建设，还是运营管理，智慧城市中的关键角色的合作类型共分为三大类型：企业为主类型、公私合作类型及政府主导类型。在企业为主类型中，从市民的需求出发，企业提供技术。在公私合作类型中，企业扮演政府与市民的沟通桥梁，实现城市智慧化。在政府主导类型中，有政府统筹、企业辅助，和政府主导两种亚类型。表 8-1 为三种合作类型、其代表城市和特点。

智慧城市关键角色的三种合作模式

表 8-1

大类	城市	特点
企业为主	阿姆斯特丹	由市民和创新企业提出需求和技术，政府通过平台和鼓励政策进行扶持和统筹协调
	伦敦	由企业、政府创造创新市场、建设基础设施，以改善环境，使伦敦市民获得更好的生活品质、政府为中小企业提供基础设施和寻找投资的平台
	杭州	阿里巴巴为杭州智慧城市建设提供城市解决方案，政府出台相应的扶持政策，配合制定整体规划与顶层设计
	深圳	作为经济和制造业创新中心城市，在发挥科技创新有先天的优势
公私合作	纽约	作为美国的经济、金融中心，企业易于参与智慧城市建设，智慧商务发展优势较大
	雄安新区	政策推动的新区建设类型。其中雄安新区作为国家级新区，在政策方面具有优势，并且在规划和城市建设层面体现出规划先行、智慧建设的特征；雄安新区联合公司以顶层规划、智慧环境标准进行整体城市设计
	上海	作为全国的经济、金融中心，企业易于参与智慧城市建设，智慧商务发展优势较大
政府主导	北京	政治中心，为政府主导型智慧城市。作为全国的政治中心，具有政府统筹、主导推动的优势
	新加坡	面积很小，政府有必要和有责任对城市的各项资源进行精细化和可持续化的利用

　　智慧城市中的各个关键角色的参与决定着智慧城市衍生出不同的特征。政府可以决定智慧城市发展有多快、多广，即智慧城市或智慧化领域的优先性和应用范围；企业决定智慧城市运营管理的水平，即智慧应用的制度、质量、规模、应用等；高校及研究所决定智慧城市的技术高度，即智慧化的技术创新型；市民决定了智慧应用的渗透度和可持续性，即智慧应用是否可以满足人们的需要，以及是否所有的市民都可以受益。

　　总体来说，在欧美国家，高校／研究所和企业的参与度比较高。相比之下，我国的政府统筹作用更突出些。近年来，有些高校／研究所和初创企业对于需求和技术更加了解，所以也有可能提出切实可行、方便快捷的方案，因此主动性和作用力也在逐步加强。例如，新冠肺炎疫情发生初期的杭州和宁波的健康码，即分别是由小型初创企业和高校的研究团队所开发的。

8.3.2　瑞士日内瓦州太阳能潜力地图的研发

　　该项目是用于展示智慧城市运营维护的实例。其出发点是城市需要在解决环境问题和由传统能源向可持续能源转型方面发挥主导作用，因此就需要提高对当地可再生能源供应潜力的评估能力，以对这些新能源技术进行鼓励、应用和推广。太阳能转换技术领域作为能源转型的主要领军领域，加上瑞士本身对于新科技技术破坏其自然环境持有十分抗拒的态度，因此该项目的目标在于对太阳能技术在城市中的应用潜力进行精细评估。

　　在关键角色合作方面，该项目采取的是政府主导形式。其资金主要来自于INTERREG 项目，是欧盟（EU）通过项目资金支持跨境合作的关键手段之一。其目的是共同在卫生、环境、研究、教育、运输、可持续能源等领域找到解决办法。项目的法国参与者包括国家太阳能研究院（INES），克劳德－伯纳德大学（Université Claude Bernard），上萨瓦建筑、城市规划和环境委员会（CAUE 74）等。瑞士的参与者包括日内瓦景观、工程与建筑学院（HEPIA），日内瓦州能源办公室和日内瓦工业服务部门（Les Services industriels de Genève（SIG））。他们之间共同合作来对此项目进行研发。在法国方面，欧洲区域发展基金（ERDF）负责该项目的融资。在瑞士方面，联邦和／或州拨款资助该项目。最后，该项目的成果被放在了日内瓦工业服务部门的官网上，供人们进行使用。

　　该项目的持续时间为 2011—2020 年，分为四个阶段进行。在每个阶段，研究人员都对太阳能技术在城市中的应用潜力进行分阶段挖掘,并且逐步改进评估精度和速度,最终才投入使用。

第一阶段(2011—2012 年):对日内瓦地区建筑物屋顶表面的太阳能辐射效率进行了粗略的估算。

第二阶段(2012—2014 年):确定屋顶每年接收太阳辐射量大于 1000 kWh/m^2 的部分,并根据不同光伏板技术的效率计算这些表面的热电生产潜力,并且将这些产能潜力与屋顶和建筑的参数,作为参考系数纳入产能、经济和环境指标的计算中。

第三阶段(2014—2016 年):对太阳能潜力地图进行了数据更新和升级,包括利用机载激光雷达高程测量对数字地表模型进行了重新测量。同时,得益于日内瓦景观、工程与建筑学院(HEPIA)开发的云计算设备,大幅度减少了预测太阳能转化率的计算时间。在第三阶段,该应用不仅面向于专业人士,而且将应用界面改造得让普通人也可以使用。

第四阶段(2019—2021 年):利用包括 2017 年使用激光雷达技术所收集的地物数据在内的信息,对日内瓦州的太阳能潜力地图进行持续更新。同时,也将地图范围扩展到大日内瓦之外的区域,特别是法国的城镇群和瑞士的尼昂区(Nyon District)。更新和调整了前一阶段(第三阶段)所建立的公共网络接口结构,以提供大日内瓦地区太阳能潜力分布的分析结果。网站的用户界面也相应地进行了调整,以便该应用能够提供更加多样化的查询和分析需求。该阶段成果于 2020 年底进行提交。

延伸思考:

在多元共建、协同共治的时代,各个角色应该如何在智慧城市空间的运维管理中发挥出各自的作用?

第9章   智慧城市的"样板"及其特色

●   **导读问题**   ●

1. 你熟悉的智慧城市都有哪些?
2. 不同发展模式的智慧城市各有哪些成就和特点?

9.1   "耳聪目明"的智慧大脑——北京

2012 年北京市入选了由住房和城乡建设部发布的首批国家智慧城市试点名单,住房和城乡建设部启动了智慧城市试点工作。同年,北京市人民政府印发了《智慧北京行动纲要》,表明为了加快推动"十二五"时期本市信息化发展,落实《北京市"十二五"时期城市信息化及重大信息基础设施建设规划》,明确到 2015 年,"智慧北京"的发展目标,是实现由"数字北京"向"智慧北京"的转变。在 2016 年印发的《北京市"十三五"时期信息化发展规划》中,确定了"到 2020 年北京成为互联网创新中心、信息化工业化融合创新中心、大数据综合试验区和智慧城市建设示范区"的建设目标。随后,住房和城乡建设部分别在 2013 年和 2015 年,分别发布了第二批和第三批国家智慧城市试点名单。至此,北京东城区、朝阳区、未来科技城、丽泽商务区;北京经济技术开发区和房山区长阳镇;门头沟区、大兴区庞各庄镇、新首钢高端产业综合服务区、房山区良乡高教园区和西城区牛街街道分别作为第一批、第二批和第三批智慧城市试点入选该名单,开始了智慧城市的建设,基本形成了新型智慧北京的新格局。

2021 年北京市大数据小组发布了关于《北京市"十四五"时期智慧城市发展行动纲要》的通知,进一步明确北京市到 2025 年的发展目标是将北京市建设成为全球新型智慧城市的标杆城市。彼时,"统筹规范的城市感知体系基本建成,城市数字新底座稳固夯实,整体数据治理能力大幅提升,全域场景应用智慧化水平大幅跃升","一网通办"惠民服务便捷高效,"一网统管"城市治理智能协同,城市科技开放创新生态基本形成,城市安全综合保障能力全面增强,数字经济发展软环境不断优化,基本建成根基强韧、高效协同、蓬勃发展的新一代智慧城市有机体,有力促进数字政府、数字社会和数字经济发展,全面支撑首都治理体系和治理能力现代化建设,为京津冀协同发展、"一带一路"国际合作提供高质量发展平台。该行动纲要强调的发展趋势是各个应用领域的"整体布局、协同联动"（图9-1），并且通过以下六项任务来实现目标：

（1）加强感知、平台赋能，夯实智慧基础：包括统筹城市感知体系、夯实云网和算力底座、强化基础平台和数据服务能力建设这三项子任务。

（2）整合资源、通达渠道，便利城市生活：包括深化"一网通办"服务、持续增强政民互动效能这两项子任务。

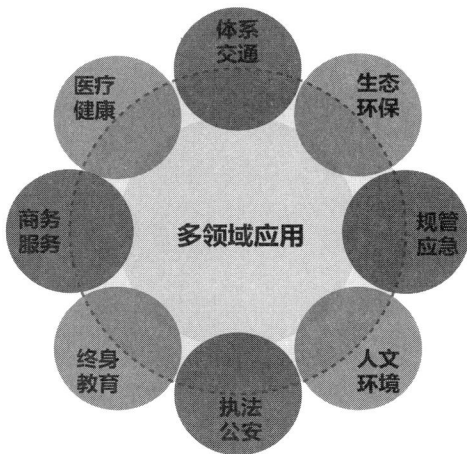

图9-1 《北京市"十四五"时期智慧城市发展行动纲要》所强调的发展趋势

（3）统合力量、联通各方，提高政务效能：包括推动城市运行"一网统管"、提升城市科学化决策水平、推动基层治理模式升级三项子任务。

（4）开放共建、繁荣生态，促进数字经济发展：包括加强数据开放流通、推动政府开放场景、加速城市科技创新三项子任务。

（5）把握态势、及时响应，保障安全稳定：强化新基建安全、加强数据安全防护、防范公共安全风险。

（6）整体布局、协同联动，强化领域应用：深化体系交通领域整合、推动生态环保领域协同、加强规划管理应急联动、丰富人文环境智慧应用、强化执法公安智能应用、优化商务服务发展环境、汇聚终身教育领域资源、激发医疗健康领域动能。

所列出的任务基本上是在北京市的已有的智慧基础上进行夯实提升。以第三项任务中，基于城市大脑提升城市科学化决策水平为例，2019 年北京市海淀区人民政府办公室公布了《海淀城市大脑建设项目管理工作规则》，明确为了贯彻落实"两新两高"战略，需要加快推进海淀城市大脑的建设。该城市管理指挥平台是"智慧海淀的重要组成部分"。2021 年 2 月，海淀城市大脑——智能运营指挥中心（IOCC）——投入使用。目前，已有全区 13 个委办局的 36 个业务系统接入该平台，并且拥有涉及公共安全、城市管理、城市交通、生态环保、智慧能源等领域的 50 余个应用场景。海淀城市大脑的顶层设计思路采取的是"1+1+2+N"模式（1 个城市感知神经网络，1 个城市智能云平台，2 个中心：AI 计算处理中心和大数据中心，"N"个应用场景）。海淀城市大脑可以对区内的道路、建筑、城市部件和重点区域等数据进行实时检测和可视化，当发现数据异常的情况，就会即时发出预警，从而让管理人员通过数据进行态势的分析、研究和判断，并且给出处理的建议。

海淀区"时空一张图"项目是海淀城市大脑时空信息的重要载体和三大基础支撑平台之一。它的主要功能是对全区的时空信息数据进行汇总、储存、统一管理和更新。该系统于 2020 年 9 月下旬上线。截至 2021 年 4 月，已经记录了全区 17 万余幢既有建筑物、1.9 亿 m² 建筑面积信息，249 个各类专题地图数据信息，由 127 个图层、约 130 万个数据要素组成的城市部件数据。依赖的是全区 14500 余路在网摄像机及 10000 多路传感器所组织的"感知网"。

为了消除信息孤岛，把各部门所收集和储存到数据，互相打通并且汇总到海淀区统一的一体化地理信息平台。该平台遵守"时空一张图"的原则，在"空间"上，各部门将自己的数据，将建筑物位置作为基础参考坐标，输入到平台上。在"时间"上，也将各个时期或年代的数据汇总到该平台。例如，可以查看中关村大街上的建筑物在 20 世纪 70 年代、80 年代、90 年代等不同历史时期的数据。"海淀时空一张图" 犹如数字孪生的海淀，可以为各个政务部门提供统一的地图数据和服务。目前，"城市大脑"建设已经在城市管理、公共安全、生态环保、城市交通等多个领域取得阶段性成果。治理渣土车违章、解决拥堵难题、完成人口房屋信息登记、实施水质实时监测和污染溯源……"城市大脑"打通多种场景中用户与物联网设备的关键数据，以庞大的数据库为城市智能管理奠定坚实基础。

2020 年 9 月 10 日，北京中关村西区智能交通系统上线试运行。该系统综合了交通信号控制系统、交通信息采集分析系统、高点视频监控系统等九大交通科技系统，通过综合分析低点和高点监控探头拍到的局部和大范围路面车流量情况，通过监控交通流量，决定红绿灯信号的放行时间，明显缓解了道路拥堵的情况；通过对违章停车进行抓拍，也基本杜绝了违规停车的现象；利用智慧停车系统大幅度提高了停车场的利用率；再结合抓拍行人闯红灯的现象、机动车礼让行人提示等措施，使得交通行为文明程度得到了大幅的提高（图 9-2）。由于取得的效果显著，故中关村西区智能交通系统将会逐步复制应用到海淀区的其他片区内，并且将会把所有必要数据接入海淀区的智能交通指挥中心。

2020 年 2 月 1 日上线的海淀区"疫情防控应急指挥调度系统"，在全区的小区出入口、医院、隔离点等，都布控了摄像头，区级负责人可以实现对全区相关点位的即时可见可指挥。各系统负责人可通过系统看到医院、社区、集中观察点的工作运行情况。社区工作人员、各级主管负责人和相关部门可进行双向联系。如疫情防控突发

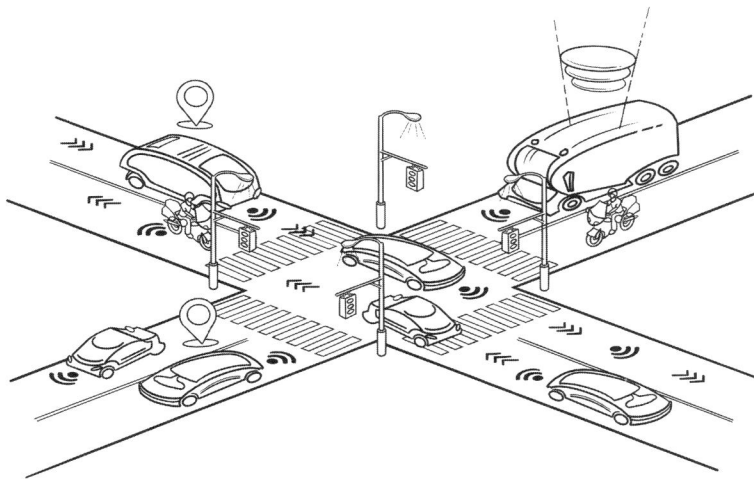

图 9-2　"交通大脑"能够让城市交通运行得更加顺畅无阻

情况，即可启动应急处置。再配合"京心相助""京心相护""健康宝"等新型科技应用，为构建新型精准城市服务治理模式提供了重要的技术支持和宝贵的实践经验。

2020 年 7 月底上线的海淀区水旱灾害防御系统可以对全区的降雨量、积水点位、河道泄洪等情况进行实时监测。并且通过分析 44 个雨量站、24 个河道水文站、44 个积水监测点的数据，以及气象部门、城市指挥中心、公安网格化视频、历史数据等共享数据，可预测未来 3 小时全区各街镇的降雨量情况，预判积水情况，提前组织人力做好排涝准备。

发改委的"经济大脑"系统和电力部门的"电力大脑"系统在接入海淀区城市大脑之后，可了解楼宇及园区耗电量和经济效益的比例，企业复工、复产、复学情况等。海淀区住建委依托"智慧＋工地"平台，整合辖区范围内建筑工地的视频资源，实现市、区相关部门之间视频资源的共享共用，完成统一视频执法与监督管理平台的建设，实现施工现场的可视化、全过程实时监控，加强视频巡查力度。

海淀区城市服务管理指挥中心主任、城市大脑专班主任李伟认为，"城市运营管理从技术支撑的演进看，分四个阶段：'人拉肩扛人海战''一个电话两眼摸黑奔现场'的 1.0 阶段；'系统辅助人干事'的 2.0 阶段；'系统学会干事'、通过 AI 技术实现'算力'替代'人力'的 3.0 阶段；'系统干事人想事'的 4.0 阶段"。海淀智慧城市大脑则意味着已经将海淀区的运营管理带领到了 3.0 阶段。

依靠智慧城市大脑的智慧城市建设，需要注重现实城市与数字城市的同步规划和建设，为应用系统所配套的智能基础设施需要实现跨部门共享复用；通过制定包括宏观的技术架构规范、接口规范等在内的智慧城市治理体系，保证数据的一致性，从而实现数据共享和流程互通；这样，智慧城市大脑才能最大化实现全局全时的智慧城市服务功能。

9.2　便捷的"一键式"智慧——杭州

杭州市早在 2011 年便制订了详尽的"杭州市智慧城市建设总体规划"。其当时预定的建设目标为"力争到 2015 年，数字化、网络化、智能化、工业化、城市化相融合所带来的城市功能、运行效率和生活品质显著提升，城市竞争力得到较大提高，使城市运行更智能、城市发展更低碳、城市管理更精细、城市生活更便捷、城市社会更和谐，为'打造东方品质之城、建设幸福和谐杭州'注入新的动力、增添新的活力"。如今十年过去了，通过不断探索和创新，杭州的"智慧城市"建设的历程和成效如何？智慧城市发展的杭州模式为何？

杭州通过强化新型智慧城市建设的系统集成水平，包括建设中枢系统，已基本形成"一脑治全城、两端同赋能"的运行模式。在建设中，不断加大数据互通协同力度，优化部门系统和区县（市）平台建设，加快与部省级行业主管系统数据打通，推动各级各部门业务信息实时在线、数据实时流动，切实打破数据孤岛、数据烟囱。建设城市大脑数字界面，集成市民健康管理、惠企便民服务、民意直通、信息推送、应用评价等。

深化数字驾驶舱、应用场景建设，也是杭州加强新型智慧城市建设的一项重要内容。具体而言，杭州将加快构建横向到边、纵向到底的数字驾驶舱，建立健全"五级机长制"，提升数字驾驶舱的治理能力。同时，加快转化"杭州健康码""亲清在线"集聚的巨大流量，优化提升现有场景，全面开发新场景，让各类应用场景更加惠企利民。

到 2035 年，杭州在智慧城市建设方面将实现城市大脑深度融入市民群众日常生产生活，全面确立同数字赋能城市治理相适应的体制机制，城市大脑成为杭州城市治理体系和治理能力现代化的鲜明标志。

杭州智慧城市发展历程可以划分为四个阶段：探索阶段（2000—2015 年）、集成阶段（2016—2018 年）、成熟阶段（2019—2020 年初）和蝶变阶段（2020 年 2 月以来）。

在探索阶段，杭州相继提出"构筑数字杭州，建设天堂硅谷""智慧杭州"的建设目标，开展了国家数字城管等试点工作，数字化治理能力逐渐处于全国领先水平；

在集成阶段，杭州率先提出建设城市大脑，实现了由城市大脑交通 V1.0 到杭州城市大脑 2.0 升级，2018 年杭州城市大脑项目获评中国十大创新治理案例之一；

在成熟阶段，"中枢系统＋部门（区、县〈市〉）平台＋数字驾驶舱＋应用场景"的城市大脑核心架构基本形成，杭州城市大脑模式开始对外输出，2019 年杭州入选"2019 亚太领先智慧城市"并排名第三；

在蝶变阶段，以城市大脑为核心的城市数字治理解决方案已经成熟，杭州利用城市大脑开展"数字战疫"，"智慧城市"治理水平得到充分展示。在 2020 年 8 月国家相关机构发布的《中国城市数字治理报告（2020）》中，杭州城市数字治理水平位居全国第一。杭州深耕互联网先发优势，成为国家新型智慧城市建设的典型和标杆，持续为城市数字治理输出新理念、新技术。

杭州作为中国信息化、数字化建设的领先城市，近年来在智慧政务、智慧公共服务和智慧产业等领域，以数字化、智能化带动技术、管理、服务、产业创新，努力打造"国内领先、世界一流"的"智慧城市"。如今的杭州已成为：

智慧数据之城

2018 年 5 月 15 日，全国首个城市数据大脑规划——《杭州城市数据大脑规划》发布，明确了未来 5 年杭州城市数据大脑建设方向。杭州也成为全国第一个采用城市数据大脑模式，通过政府数据和社会公共数据的共同融合来治理的城市。

智慧办事之城

浙江的"最多跑一次"改革，被写入了 2018 年全国两会的《政府工作报告》，而在改革中领跑全省的杭州市，今年在"最多跑一次"上又给自己设了一个新目标——打造"移动办事之城"。

智慧支付之城

如今的杭州，"无线"与"无现"已成为常态，在"新四大发明"风靡全球之时，杭州也有了个好听的名字，叫"移动支付之城"。支付宝无现金理念渗透到方方面面。从买早餐开始，到坐地铁、乘公交、看病、娱乐、游览景点，一部手机全搞定。

杭州作为"自下而上"发展模式的典型代表城市，其智慧城市建设离不开重要"推手"阿里巴巴集团的持续支持。正是在阿里巴巴的大力推动下，杭州提出了全球第一个"城市大脑"计划。

（1）"城市大脑"的发展背景及现状

2016 年，阿里云与杭州市合作发布首个城市大脑，打造城市智能中枢，在全国首次提出"城市大脑"的概念。2017 年，城市大脑获评国家首批人工智能开放创新平台，也是城市治理与服务领域里唯一的 AI 开放平台。城市大脑提升城市的管理服务能力主要是借助世界领先的人工智能、数据智能等技术。达摩院的视频识别、检测领域等多项国际顶尖技术，都应用于城市大脑中。在 2019 中国电子信息博览会—智慧城市论坛上，阿里云支持的杭州城市大脑入选"2018 智慧城市十大样板工程"。在 2018 年杭州云栖大会上，杭州城市大脑 2.0 正式发布，仅一年时间，城市大脑已成为杭州新基础设施，管辖范围扩大 28 倍，覆盖面积增至 420km²。2021 年年初，杭州"城市大脑"数字界面亮相，集成"先离场后付费""先看病后付费""多游一小时""非浙 A 急事通"等 38 个应用场景，把强大的"城市大脑"压缩到了市民小小的手机中。借助数字信息和技术，"城市大脑"让杭州成为一座数字系统治理之城。目前，杭州已建成覆盖公共交通、城市管理、卫生健康、基层治理等 11 个领域的 48 个应用场景、390 个数字驾驶舱，率先真正实现"用一部手机治理一座城市"。这是杭州"城市大脑"提升治理效能的最新成果，也是这座城市从数字化到智能化再到智慧化不断前行的生动展现。杭州数字治理指数居全国第一，正在成为"最聪明的城市"。未来，阿里云将携手开发者、合作伙伴打造更多智能城市的中国样本，全球标杆。明天的"城市大脑"将在全局、实时大数据的基础上，通过"数字孪生"，为设计师带来神奇的"动态规划能力"，帮助人类解决仅靠人脑无法应对的城市发展问题。

（2）"城市大脑"的技术含义

在阿里云研究中心发布的白皮书《城市大脑探索"数字孪生城市"》里是这样描述"ET 城市大脑"的：以互联网为基础设施，汇聚城市的全量数据，对数据和视频进行实时分析，并在感知、理解、决策、搜索、预测和干预全流程应用人工智能技术，对城市运行进行全局的即时分析，来高效调配已有的公共资源，这是城市大脑走出的一条创新之路。

什么样的 AI 才能成为真正的"城市大脑"？衡量标准有三条，能够实时处理人所不能理解的超大规模全量多源数据（整体认知），能够洞悉人所没有发现的复杂规律（机器学习），能够制定超越人类局部次优决策的全局最优策略（全局协同）。

城市数据远远超过人类的认知能力，城市大脑成为人类认知城市、改造城市、运营城市的强大助手，拥有超越人类的四种"超能力"：超能力一，机器视觉认知能力，提升城市视频数据价值与感知能力；超能力二，全量数据平台建设能力，提升城市"数据密度"与"微粒管理"水平；超能力三，交通网络协同与交通博弈预测能力，大规模动态拓扑网络下的实时计算；超能力四，城市大脑开放平台能力，赋能全球互联网人才与城市数字经济产业带。

（3）城市大脑建设思路

城市大脑是支撑未来城市可持续发展的全新基础设施，其核心是利用实时全量的城市数据资源全局优化城市公共资源，即时修正城市运行缺陷，实现以下三个突破：

①城市治理模式突破：提升政府管理能力，解决城市治理突出问题，实现城市治理智能化、集约化、人性化。

②城市服务模式突破：更精准地随时随地服务企业和个人，城市的公共服务更加高效，公共资源更加节约。

③城市产业发展突破：开放的城市数据资源是重要的基础资源，对产业发展发挥催生带动作用，促进传统产业转型升级。

（4）城市大脑总体架构

①一体化计算平台：为城市大脑提供足够的计算能力，具备极致弹性，支持全量城市数据的实时计算。EB（艾字节）级存储能力，IPB 级处理能力，百万路级别视频实时分析能力。

②数据资源平台：全网数据实时汇聚，让数据真正成为资源。保障数据安全，提升数据质量，通过数据调度实现数据价值。

③IT 服务平台：开放的 IT 服务平台，繁荣产业生态。通过数据资源的消耗换来自然资源的节约。

9.3　百花齐放的智慧创新——阿姆斯特丹

阿姆斯特丹作为欧洲第一批智慧城市实践者，其智慧城市的建设是通过政府、大型企业、研究机构和市民共同协作而实现的。2007 年,阿姆斯特丹创新引擎(Amsterdam Innovation Motor) 与能源运营商 Liander、市政环境和可持续部门以及荷兰应用科学组织等几个创始组织，一起开启了阿姆斯特丹智慧城市的建设，它们也是确保智慧阿姆斯特丹逐步得以实现，开展一系列活动的主要驱动力。它们希望利用信息通信技术解决城市问题，建设可持续的城市环境。

具体规划活动从 2008 年开始实施，由创始组织内部形成一系列专门负责小组，如阿姆斯特丹市政府气候办公室和 AIM 信息通信技术组等。前者是城市规划部门的一部分，它的任务是在阿姆斯特丹市开展减少二氧化碳排放的项目和倡议；后者则构成了 AIM 信息和通信技术活动的核心，负责制定和管理与该部门相关的新项目。随后，阿姆斯特丹智慧城市发展计划被纳入整体城市发展框架内，以便与城市总体发展的目标、优先事项和愿景保持一致。其终极目标之一是支持减少阿姆斯特丹大都市区的能源浪费和二氧化碳排放，促进以技术创新为基础的可持续经济增长，利用 ICT 提供的可能性，改变公民的行为，引导人们采取更可持续的生活方式。

2013年,阿姆斯特丹经济委员会启动了阿姆斯特丹智慧城市有线平台(Amsterdam Smart City Platform，以下简称为 ASCP 平台)。该平台作为阿姆斯特丹智慧城市建设中最核心的部分，充分承担了政府、大型企业、研究机构和市民之间，交流和协调智慧城市创意和项目的作用。其作用并非只是公布消息，更多的则是提供创意和与潜在合作伙伴进行项目合作的"智慧"匹配作用。合作伙伴可以是大型企业、小初创企业、政府部门、大学、研究机构和市民等。由此可见，阿姆斯特丹政府十分鼓励创新想法及其验证，并且通过该平台帮助其转变成实际项目。如果一个想法初试后被证明是可行的，它将会被应用到更大的范围，并且在其功能上也会升级。

目前，ASCP 平台有循环城市、能源、交通、市民和生活、数字城市和智慧城市大学六个板块。人们可以根据各个板块的主题，将自己的想法、项目需求和解决方案公布在上面。目前，该平台已经有包括阿姆斯特丹市政府在内的 20 个固定组织、六百多个企业/组织和将近9000名个体用户。项目本身的规模通常不大,非常"接地气"。由于其需求来自于现实生活，所以启动之后，很快就可以应用于现实生活和生产领域。

由此可见，阿姆斯特丹智慧城市采取的是典型"自下而上"的发展模式。所有的需求都是以市场需求为出发点，市民参与，政府进行把控和引擎。项目成熟后会以大型企业为主，为产品的扩大和扩容进行赋能。

在利用大数据和信息通信技术对城市进行管理方面，阿姆斯特丹也做出了杰出的表率作用。2018 年，麦肯锡全球研究院(McKinsey Global Institute)所发表的报告《智慧城市：数字技术打造宜居家园》，评价阿姆斯特丹在"智慧城市技术基础实力"方面，位居欧洲第二名，而评价该技术基础的组成元素为传感器、通信和开放式数据平台。

阿姆斯特丹一直致力于使得城市数据成为公众资源，并且让它成为带领智慧城市发展的引擎。2015 年，阿姆斯特丹政府（Gemeente Amsterdam（OIS））一直在管理城市数据（data.Amsterdam.nl/ 仅限荷兰）。该数据平台收集了城市所有有用数据（包括公共空间、建筑物和地块、交通、医疗、环境、宜居性、许可证、补贴等在内的数据），还包括阿姆斯特丹的所有地址、地形和地籍数据。2019 年，阿姆斯特丹城市数据网站（Amsterdam City Data）和研究、信息和统计（Research Information and Statistics）网站合并为 Data en informatie（数据和信息）网站（data.amsterdam.nl）。合并之后，包括专题数据、统计数据和研究内容等在内的数据更加连贯一致，数据和信息的可视化和交互式演示变得更加便捷。人们可以从网站上下载包括政府统计数据集在内的各类数据，并且将它们以表格、情况表、仪表盘、动画和报告的形式显示。市民、研究人员和从事新闻类的人们都可以从此网站上自助下载公开数据。当然，部分数据仅适用于城市授权员工。

阿姆斯特丹在固定宽带以及无线宽带方面的采用率和普及率都很高。据估计，阿姆斯特丹有 32 万户家庭连接上光纤网络。无线宽带热点在阿姆斯特丹也是无处不在。除此之外，阿姆斯特丹还拥有世界上最大的国际互联网交换中心之一（AMS-IX）。

阿姆斯特丹的公共交通交通系统非常便捷。通过广泛使用信息通信技术，一方面，乘客可以随时了解实时的交通时刻表以及其现状；在另一方面，交通系统也利用此类技术对业务运营管理进行了最大程度的优化。公共交通芯片卡（OV 卡）可以在有轨电车、公交车和地铁上使用。共享汽车、共享摩托车也对出行即服务（MaaS）模式进行了有效补充。

9.4　谨慎、现实、开放的智慧规划——伦敦

为了缓解日益增长的人口数量对于城市所造成的压力，伦敦政府于 2013 年提出《智慧伦敦规划》。鲍里斯·约翰逊（Boris Johnson）时任伦敦市市长，他表明需要利用科技作为杠杆，去帮助伦敦变成一个更优秀的城市。担任智慧伦敦委员会主席的大卫·甘恩（David Gann）教授也表示，一个更智慧的伦敦需要让人们有想要在这里生活、工作和玩耍的欲望；一个更智慧的伦敦应承认大数据是一种服务，并且也以此方式对它进行使用，它能够让人们在做决定和做设计的时候，能够考虑得更加周全。智慧伦敦不是一个单一的、绝对的解决办法，而是一系列针对市民新时代新需求所做出的、与时俱进的干预措施。干预措施可以分为以下七大类：

（1）以伦敦市民为核心：科技和创新的目的，是帮助城市作为整体能够运行得更好，更有针对性地回应市民和业务的需求。此条可以说是为整个智慧伦敦得规划奠定了"以人为本"的基调。

（2）公开的大数据：伦敦数据库（London Datastore）是第一批把公众数据进行公开和供公众查询的数据库，其目的在于让开发者们利用里面所提供的数据，研发可以让城市变得更优秀的应用。同时，也注重识别那些能够对城市的扩张造成影响的数据，与各界的企业和社团主动地去产生、管理、使用和公开这些数据。

（3）人才培养及利用：主要是充分利用和帮助伦敦的研究、科技和创新型人才，让他们帮忙解决伦敦未来的挑战、创造新的市场机遇和将伦敦的创新成果出口到全世界。具体的措施包括在 2016 年之前为中小企业搭建高速光纤网络，并且在 2020 年前

将技术员工的雇佣数量提高到 20 万人等。

（4）交叉互助型的创新生态系统：通过包括打造智慧伦敦创新网络（Smart London Innovation Network）等措施，帮助中小创业企业和创新社区抓住市场机遇并对他们的产品进行增容（Scale Up）。

（5）伦敦的适应性和成长性：由于伦敦人口预估在 2030 年将达到 1 千万，所以需要在各方面采取新的措施，以适应不断增长的人口数量所带来的挑战和压力。例如，获取城市中包括能耗、水、垃圾和污染等数据在内的数据信息，以此为基础，在 2016 年之前，对智慧科技手段如何能够改善城市的交通和环境基础设施有一个量化的理解；在 2020 年之前帮助智慧电网的搭建，使得城市能够处理峰值电量为基础设施所带来的压力；在 2020 年之前搭建伦敦地下设施的可视化三维地图，其信息可实时更新，并且供相关人员进行查询等。

（6）更好地服务市民：通过数字技术，提高各政府部门合作的效率，以更好地适应伦敦市民日益复杂和多样化的需求。例如，通过跨部门协作实现大数据共享和分析；通过跨部门协作，通过为创新增容，解决包括停车、垃圾收集等共同难题。

（7）让所有人都能够体验到更好的伦敦：智慧城市的技术不应该是简单的堆砌，更重要的是让市民感到满意。因此，需要搭建一个智慧伦敦交流平台，让市民可以提交他们对于智慧城市使用的回馈，并且提出建议。除此之外，还包括增加安装有无线网的博物馆和画廊的数量等措施。

每个干预措施内，政府也都列出了该措施是否成功的衡量指标。由于约翰逊（Johnson）担任伦敦市长的期限于 2016 年到期，所以很多衡量指标也都以这个年份为截止日期。由上述的干预措施可见，智慧伦敦规划建设的方法为以改善伦敦市民的生活质量为核心，公开大数据和透明度、协作与参与、科技创新、效率和资源管理是实现这一核心目的的手段（图 9-3）。

2018 年发布的《伦敦智慧城市路线》是《智慧伦敦规划》更进一步的规划方针。时任伦敦市长的萨迪克·卡恩（Sadiq Khan）的目标是将伦敦打造成世界上最智慧的城市，并且许诺提供更好的数字服务、公开的数据、连通性、数字包容、网络安全、

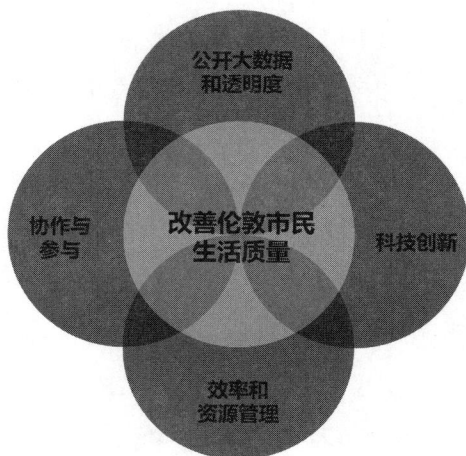

图 9-3　智慧伦敦规划的核心目标及其实现手段

创新，伦敦市政厅将为大众提供更好的服务。为了实现这一点，在《伦敦智慧城市路线图》中列出了5项任务（规划完成时间见表9-1）：

● 任务1——设计更多以客户为主的服务：主要目标是在发展智慧城市的时候，不忘记"以人为本"这项宗旨。其中包括帮助老人、小孩等那些在数字技术方面处于劣势的人们；在数字人才培养中，注重女性人才的比例等5项子任务。

● 任务2——制定城市数据的新制度：如果将大数据当成道路、能源等类似的基础设施，那么就需要为数据采集过程和设计新服务的时候，制定合适的政策，才能有助于这个行业茁壮和可持续地成长。这项任务包括启动伦敦数据分析办公室（London's Office for Data Analytics）、制定全市范围内的网络安全政策等6项子任务。

● 任务3——世界级的连通性和更智能的街道：改善数字连接服务。该任务包括加强公共场所的无线网络和鼓励智慧科技的标准制定等5项子任务。

● 任务4——加强数字领导和技能：主要是数字科技的相关人才培养目标，包括从小学就开始引入数字课程等4项子任务。

● 任务5——加强全市范围内的合作：让伦敦各部门能够更好地、更有效率地互相协调合作，共包括7项子任务。

《伦敦智慧城市路线》的任务架构和实施进度　　　　　　　　表9-1

任务	子任务	预计完成日期	实施进度
任务1：设计更多以客户为主的服务	1.1 向伦敦地方当局介绍政府的服务标准审查工作	2019年6月10日	完成
	1.2 开发数字包容的新方案	2019年9月30日	完成
	1.3 启动市民创新挑战	2019年6月10日 2021年6月	完成
	1.4 更新公民平台，开展数字化宣传活动	2021年6月	完成
	1.5 促进科技行业更加多元化	2020年1月31日	完成
任务2：制定城市数据的新制度	2.1 建立数据分析计划	2021年6月7日	完成
	2.2 制定新的网络安全战略	2021年5月31日	完成
	2.3 加强数字权利（保障机制）、问责制和信任度的建设	2021年6月7日	完成
	2.4 通过开放数据资本支持开放生态系统	2021年6月7日	完成
	2.5 增加收集和使用伦敦空气质量数据的方式	2019年6月10日	完成
	2.6 用数据支持文化和夜间经济	2019年6月10日	完成

续表

任务	子任务	预计完成日期	实施进度
任务 3：世界级的连通性和更智能的街道	3.1 建立互联伦敦计划	2019 年 6 月 10 日	完成
	3.2 用各种规划力量促进光纤入户和移动连接	2019 年 12 月 10 日	完成
	3.3 在街道和公共建筑中支持公共 WiFi	2021 年 6 月 7 日	完成
	3.4 加速智能基础设施建设	2020 年 12 月 31 日	完成
	3.5 对智能基础设施的通用标准进行指导	2021 年 6 月 7 日	完成
任务 4：加强数字领导和技能	4.1 提升公共服务的数字和数据领导能力	2019 年 6 月 10 日	完成
	4.2 支持数字技能和计算计划	2021 年 6 月	完成
	4.3 探索文化机构吸引市民的作用	2019 年 6 月 7 日	未实施
	4.4 探索用知识中心填补伦敦数字技术空白	2021 年 6 月 1 日	完成
任务 5：加强全市范围内的合作	5.1 建立伦敦技术和创新办公室	2019 年 6 月 10 日	完成
	5.2 促进医疗创新	2021 年 3 月 22 日	完成
	5.3 探索新的技术合作伙伴和商业模式	2020 年 9 月 30 日	完成
	5.4 探索政府的数字化交付和技术创新	2019 年 6 月 7 日	完成 50%
	5.5 与其他城市合作	2021 年 6 月 7 日	完成
	5.6 与自治市和公共事业公司合作以共享规划和基础设施数据	2020 年 9 月 30 日	完成
	5.7 与自治市和工业部门合作分享能源数据和示范项目	2019 年 6 月 10 日	完成 40%

与《智慧伦敦规划》相比，在《智慧伦敦城市路线》发展时期，伦敦政府更看重公共服务价值最大化，并且通过制定法规政策打造适合数字技术发展的生态环境。例如，对公共部门的合作形态进行改革和推广共同服务标准，成立协同机构，实现各个政府机构的横向协同。

最有代表性的项目为伦敦数据库（London Datastore）。伦敦数据库是国际公认的开放数据资源，该数据库有助于应对城市的新型挑战和改善公共服务。伦敦政府利用数据为政策、服务和活动了解必要的信息。例如，使用住房数据来确定适合中小企业入驻的地方，建立学校分布模型；使用人口统计数据，用于预测地区的人口增长和加建中小学校的需求等。目前，该数据库有 18 个类别，各自的数据集数量详见图 9-4。这些数据集供人们以 excel 文件、pdf 文件、csv 文件、网页文件等 19 种形式进行下载。伦敦大学（University College London）在市政厅安装了能够实时展示伦敦城市"脉搏"的伦敦仪表盘（London Dashboard），例如将地铁晚点情况、房价和犯罪率等以可视化的方式展现给政府工作人员，便于他们在充分了解现状后做出相应的决策。

　　伦敦也积极开展与欧盟其他城市的合作，共同搭建使得智慧城市成为现实的共享平台。共享城市项目（Sharing Cities）由伦敦市长领导，并由伦敦（London）、米兰（Milan）和里斯本（Lisbon）等主要城市以及波尔多（Bordeaux）、布尔加斯（Burgas）和华沙（Warsaw）等其他城市的公共和私营部门组织合作实施。这项由欧盟委员会资助的五年计划支持智慧城市技术，其目的是让伦敦市民可以最大化地从智慧城市技术中获益，并证明它们的应用可以在整个欧洲推广。在伦敦方面，将格林威治皇家自治区（Royal autonomous region of Greenwich）作为新技术的试验场。该项目旨在展示创新技术解决方案是如何解决城市面临的一些最紧迫的挑战。这些内容包括交通、能源效率、数据管理和公民参与。通过共享解决方案、实践经验和结果，以及改进城市管理和共享数据的方式，共享城市项目旨在为伦敦及其他地区的市民和社区创造更好、更节能的生活环境。

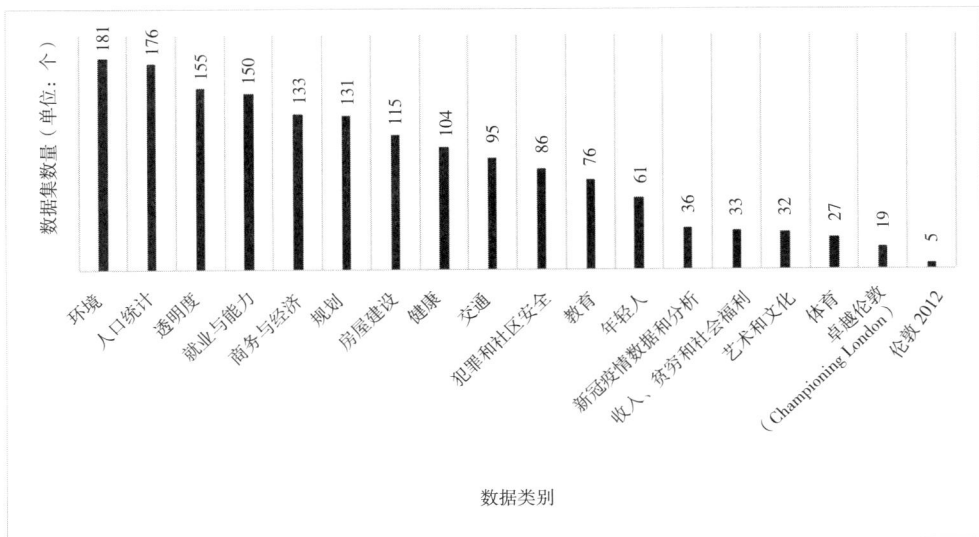

图 9-4　伦敦数据库的数据类型及其数据集数量

由上述内容可以看出，伦敦采取的是典型的"自上而下"的发展模式。主要是通过政府制定规划蓝图，并且将任务进行拆解，由政府负责推进进度、对各部门的协同合作进行协调。特别是政府治理模式转型先行，为建立网络化治理模式奠定法规制度基础。在发展实施规划蓝图的过程中，采取的总体模式是"责任方 + 合作者"的模式：合作者可以是国家级行政机构、私人 / 社会机构、市民等多种类型，但责任方都是伦敦政府的行政部门。

9.5 微型、可持续、节能——林茨

奥地利第三大城市林茨（Linz）是一座仅有约 22 万居民的"小城市"。它是上奥地利州的首府，同时也是著名的奥地利钢铁联合集团（Voestalpine）总部所在地。自 20 世纪 80 年代初以来，这座工业城市就已经在采取积极措施，改善其生态环境。例如，在 1991 年市议会就一致决定要促进林茨市的可持续发展，并且在自然保护、能源效率、建设用地、交通、市民等方面有所建树。自此，他们取得了很多耀眼的成就，其中最为突出的成就有 2001 年借助该城新建城区"太阳能城市"（Solar City）所获得的"不莱梅合作奖"（Bremen Partnership Award），以及 2004 年由于其在绿色交通方面杰出成就而获得奥地利交通俱乐部交通奖（Verkehrsclub Österreich——Mobilitätspreis，奥地利最大的交通类奖项）等。

作为仅有不到二十万人的小城市，由于各方面的资源都有所局限，因此他们在智慧城市的建设工作方面，也是在已有的能源和可持续发展基础上，利用已有的优势，由点向面进行逐步展开。林茨智慧城市发展路线（简称为"路线"）的主要内容，是确定城市能源系统作为一个复杂系统，其内各个技术、城市规划、社会经济部分之间的相互作用，以此为基础对该市的能源发展战略进行从长计议，才能够满足欧盟中长期越来越苛刻的能源要求。

路线的制定是通过在一系列有相关项目成员所组成的"论坛"进行逐步商议所得出的结果，主要成果包括：

● 林茨城市以 2050 年为期限的能源发展展望（Smart Energy Vision 2050）。

● 一个以 2020 年为期限、系统性的项目实施路线（Roadmap for 2020 and beyond）。

● 建设项目的实施计划（Action Plan for 2012–2015），其中也包括示范项目的实现。

"智慧城市林茨"（Smart City Linz）项目的三阶段论坛于 2011 年 11 月 11 日举行（表 9-2）。来自经济、工业、研究、能源和交通服务、城市管理部门以及普通市民共大约 50 名参与者在林茨新市政厅会面，为林茨商议未来愿景，所涉及的内容主要有出行、能源生产、智能电网、生活质量和垃圾管理等方面。

智慧城市林茨于 2011—2012 年举办的三阶段论坛　　表 9-2

阶段	论坛内容			平行项目
SMART ENERGY VISION 2050 （2011 年 11 月，第一阶段）	框架 （目标、理念）	展望（定性）	展望（定量）	示范项目 的实施
ROADMAP 2020+ （2011 年 12 月，第二阶段）	趋势分析	技术场景 （可靠性分析）	发展路线 （确定重点）	
ACTIONPLAN 2012-2015 （2012 年 2 月，第三阶段）	技术主导内容 （行动计划 2012）	整体确定 （过程分析）		

在第一阶段所制定的 2050 能源发展展望中，定量的目标包括二氧化碳排放量、节能、可再生能源产能比；定性的目标包括环境可持续性、用户整合、社会和组织创新等。同时，还包括了一系列诸如"林茨的城市在未来会是什么样子？""城市生活应该是什么样子？"、城市人口分布、经济、工业、城市规划（集中还是分散的城市布局）等社会议题。

在第二阶段所制定的 2020+ 项目实施路线，主要是敲定项目的时间表，以及确定中长期发展建设目标。在这个为时两天的论坛中，首先对未来的发展趋势、影响因素、林茨在奥地利国内和国际上所扮演的角色等进行了一个总体展现，从而确定影响城市发展的各个因素。在此之后，主要是探讨各种发展路线的可能性、能够实现这些目标所涉及的技术场景，使林茨能够在时间表内实现规定的能源目标。

在第三阶段，2012—2015 实施计划是确保 2020+ 项目实施路线图能够被实现的保证。它描述了路线中每一个措施都是如何被付诸现实的，包括技术手段、经济模型、资助和投资设施、政治框架等。示范项目的实施也是议题的重点内容之一，主要是希望在智慧城市建设初期能够利用某个实施措施，实现有限几个小范围、小尺度的示范项目，待智慧城市建设达到更高阶段的时候，可以对实施措施和相应的资源进行集中，从而将示范项目推广到整个城市进行应用。

林茨绿色中心项目（Grüne Mitte Linz）于 2006 年由来自德国的建筑师阿尔伯特 - 伯劳莫瑟（Albert Blaumoser）开始进行规划，是林茨目前最大的城市发展项目。

通过将奥地利联邦铁路（Österreichische Bundesbahnen）所不再需要的、面积为 85000m² 的货运站区域进行改造和更新，林茨绿色中心不仅成为林茨市的新城市中心，更是优秀的智慧城市建设示范项目。该区域安装了智慧照明系统，通过为公园和其他公共区域安装低能耗、长寿命的 LED 灯以及可控灯光系统，使得城市照明耗能得到了明显的降低。林茨绿色国内新区域内的每栋住宅楼都安装了智能电表。每个居民都可以在自己的电脑上实时了解自己的居住单位在这一年、月、天和 15 分钟内的热能耗和耗电量。有研究认为，个人用户能够通过自己的节能行为，节省约 30% 的能耗。除此之外，林茨还配备了一个专门的信息电视台，让居民能够随时看到林茨城市的整体能耗和其他关于城市或社区的时事新闻。

　　林茨作为旅游资源非常丰富的城市，其在推动智慧旅游方面也不遗余力。例如，他们将所有涉及旅游的数据都整合到旅游数据网站[1]上，供跟旅游相关的各单位使用，让他们即使在新冠疫情下，也能够灵活地根据数据对自己的工作内容进行调整和适应。

9.6　花朵之城、智慧生长——扎兰屯

　　如果说上述的几个案例，都是对有一定 ICT 基础的，处于智慧成熟期或智慧起步期的城市进行顶层设计和规划建设，那么扎兰屯的智慧城市规划项目则属于为尚处于智慧准备期的区县，开展智慧建设的顶层设计。

　　内蒙古扎兰屯市背倚大兴安岭和呼伦贝尔大草原，面向东北三省，与黑龙江省毗邻，1897 年，随着中东铁路的修建，扎兰屯作为重要的站点得到开发，这里留下了俄国与日本的城市历史遗存，也逐渐成为连接内蒙古与东北三省的重要商贸城市。2020年末，全市总人口约为 40.12 万人，城镇人口约为 17.25 万人，乡村人口约为 22.88 万人。市区行政区面积 154.6km²，建设用地面积约 32.8km²。

　　扎兰屯的自然气候环境独特，四季分明，山清水秀，景色宜人，有着"塞外苏杭"的美誉（图 9-5）。在农牧林产品及加工业方面具有先天优势，也很利于发展绿色建材产业和旅游业。然而，扎兰屯市在发展的过程中也面临着不少困难和问题，主要表现为：

　　● 对外的吸引力不足，同时内在活力不够，导致大量的人口外流以及城乡差距呈扩大的趋势；

1　https://www.tourdata.at/

图 9-5　被称为塞外苏杭的
扎兰屯环境优美

● 未来产业发展方向不明晰，例如城市自然资源与农牧林产业结合发展的管理体系还未完善、保护措施严格，没有与合理的开发利用相结合等；

● 城市空间亟须完善，例如城乡关系不紧密，城市基础设施建设滞后、市区建筑质量不高、城市扩张速度过快、自然景观与城市连接不紧密等；

● 人口受教育程度偏低，特别是缺乏针对当地农牧林产业的生产技能培训。

面对此机遇与挑战并存的局面，扎兰屯市政府于 2013 年聘请中德联合设计规划团队，对扎兰屯进行了智慧城市顶层设计。通过全局的 SWOT 分析[1]，根据智慧城市发展理念，联合设计团队提出了智慧城市规划设计的三个层面——"大智运于形，中智行于策，小智精于术"，认为扎兰屯漫山遍野盛开的美丽花朵是城市智慧的源泉：智慧扎兰应当像花朵一样生长——就是遵循城乡内在的联系与规律，汲取本土养分由内至外培育自身特色，就会像绚丽的花朵一样，富有活力地在这块土地上生长。

智慧城市的顶层设计最终需要落地实施成有形的城市，是城市居民赖以生存的物质环境。因此，需要通过详细的前期调研和现状评价，确定建筑设计与城市规划的具体着眼点与落脚点，以及最终看得见、摸得着的抓手，城市的格局和定位决定城市独

1　SWOT 分析，即通过对分析对象的优势（Strengths）、劣势（Weaknesses）、机会（Opportunities）和威胁（Threats）进行全面剖析，以此为基础来制定分析对象的未来发展方针。

特的智慧之路。鉴于扎兰屯经济基础以及 ICT 建设基础，确定将智慧城市的普遍发展模式与扎兰屯独特的环境条件相匹配，探索独特的花朵之城的智慧之路。

该项目以十八大报告中"新型城镇化"背景及《扎兰屯市国民经济和社会发展第十二个五年规划纲要》核心思想为基础，在对国内外代表性智慧城市评价体系进行调研之后，制定了适合扎兰屯的《扎兰屯智慧城市评价体系》。该评价体系包含了智慧经济、智慧环境、智慧交通、智慧生活、智慧管理 5 个智慧维度，14 个一级指标和 54 个二级指标为评判标准，其中根据扎兰屯城市特点提出的具有针对性的指标 11 个（表 9-3）。该评价体系不仅可以用于量化评价扎兰屯的现状与潜力，更可以用于衡量扎兰屯智慧城市建设过程中取得的阶段性成果质量，从而在一个良性循环和框架内构建智慧城市。

扎兰屯智慧城市评价体系

表 9-3

智慧维度	一级指标	二级指标	评价因子	单位
智慧经济	产业规划及发展	新兴产业发展	高新技术产业、现代服务业和其他新兴产业比重	%
		创新投入	研究和开发部门（R&D）的比重	%
		产业升级	传统产业改造比重	
		商贸物流业 △	商贸园区、物流公共服务平台、智能仓储服务、物流中心网点建设	个
		三产发展 △	三次产业增加值比例	%
		加速旅游产业发展△	旅游业总收入	亿元
	经济及劳动生产力	经济发展潜力	固定资产投资	亿元
		弹性和劳动力市场	灵活就业的兼职工作数量	岗位
		就业水平	五年新增城镇就业人数	万人
			城镇登记失业率	%
		企业家精神	特定规模以上注册公司数量	个

续表

智慧维度	一级指标	二级指标	评价因子	单位
智慧环境	环境保护	清洁空气	全年空气环境质量国家Ⅱ级标准天数	天
			单位地区二氧化碳排放	%
			化学需氧量、二氧化硫、氨氮、氮氧化物等排放量	%
		清洁水源	污水集中处理率	%
			单位地区生产总值消耗水量	吨 / 万元
		废弃物处理	工业固体废物综合利用率	%
			城市生活垃圾无害化处理率	%
	可持续的资源利用	能源消耗	可再生能源使用比例	%
			单位地区生产总值能源消耗	吨标煤 / 万元
		水资源利用	水资源的高效、循环利用	—
			污水处理率	%
	自然绿化	绿色覆盖 △	建成区绿化覆盖率	%
			森林覆盖率	%
		树木种植 △	活立木蓄积量	万立方米
智慧交通	交通通达性	国内城市可达性	机场每日航班起落架次	次 / 天
		市内的可达性	主要居民区的公交可达性	%
		道路连通性	市内道路网络的连通性	km
	可持续交通系统	公交优先	公交出行率	%
		绿色出行	交通方式中绿色公交出行的比例	%

续表

智慧维度	一级指标	二级指标	评价因子	单位
智慧生活	网络基础设施	宽带入户	包括光纤在内的固定宽带入户比例	%
		无线覆盖	无线网络覆盖面积比例	%
		广播电视 △	广播电视数字化综合覆盖率	%
	教育及文化	文化资源的利用	居民每月去电影院/剧院次数	次
		职业教育	参加职业教育、培训等终身学习的比例	%
		基本公共教育水平	高中阶段教育毛入学率	%
		高等教育	高等教育毛入学率	%
		终身学习的可得性	居民人均拥有图书馆书籍	册/人
	旅游	旅游吸引力 △	年接待旅客人数	万人次
	健康及医疗	居民健康状况	居民预期寿命	岁
		医疗水平	每千人拥有医生数	人
智慧管理	公共服务	智慧金融与支付	一卡通、手机支付、网上支付、市民卡等智慧化支付新方式的普及程度	万人次
		公共数据信息可得性	基础空间、人口、住房等数据库等完善程度	—
		数据化城市平台	城市规划、建筑、房地产等信息网站建设	—
		信息安全	智慧城市信息安全的保障措施和有效性	—
		城市安全与应急	紧急事件发生时警力到达现场时间	分钟
		政府决策的公众参与	规划信息共享比例	%
		公共服务投入	地方财政中用于公共服务支出的比例	%
		社会服务投入	地方财政中用于社会服务支出的比例	%

续表

智慧维度	一级指标	二级指标	评价因子	单位
智慧管理	公共服务	社会保险覆盖	社会保险覆盖率	%
		住房保障及品质	低收入家庭保障性住房人均居住用地面积	m²/人
			城市居民人均住房建筑面积	m²/人
			农村居民人均住房建筑面积	m²/人
		决策参与的多元性△	人大代表中少数民族的比例	%
		政府信息的透明度	政府信息的电子化公示	条
	城乡建设管理	城市发展程度	城镇化水平	%
		农村基础设施建设△	道路建设、饮水工程、环境卫生、能源结构、电网规划、通信设施等建设	—
		智慧基础设施系统	供排水、节水、燃气、垃圾分类、照明、供热等地下管线的智能化普及率	—

注：△代表对扎兰屯城市发展情况新增的智慧城市评价指标。

该项目团队根据上述扎兰屯智慧城市评价系统的评价结果，拟针对扎兰屯规划完成以下几个总体目标：

● 运用智慧理念，将城市发展与生态环境保护有机结合，创建生态宜居城市。

● 推进现代化工业园区建设，注重传统优势产业与新兴产业的融合。

● 注重公共服务、生产服务和生活服务的有效衔接。

● 综合运用现代交通网络，推进商贸物流业集聚发展。

● 注重整合既有优势资源，打造别具一格的健康产业和生态休闲旅游产业体系。

上述的整体目标需要逐步实现，依据扎兰屯智慧城市生长式的发展战略，结合生态环境方面的考虑，不用尽现有资源，考虑规划的可行性和充裕弹性发展的可能性，对规划建设用地内的花朵组团进行分期建设（图9-6）。

该项目的阶段性目标如下：

● 孵化提升期（2015—2020年）：

在保护生态环境的基础上，将已有的木材加工、绿色食品等传统产业提升改造；

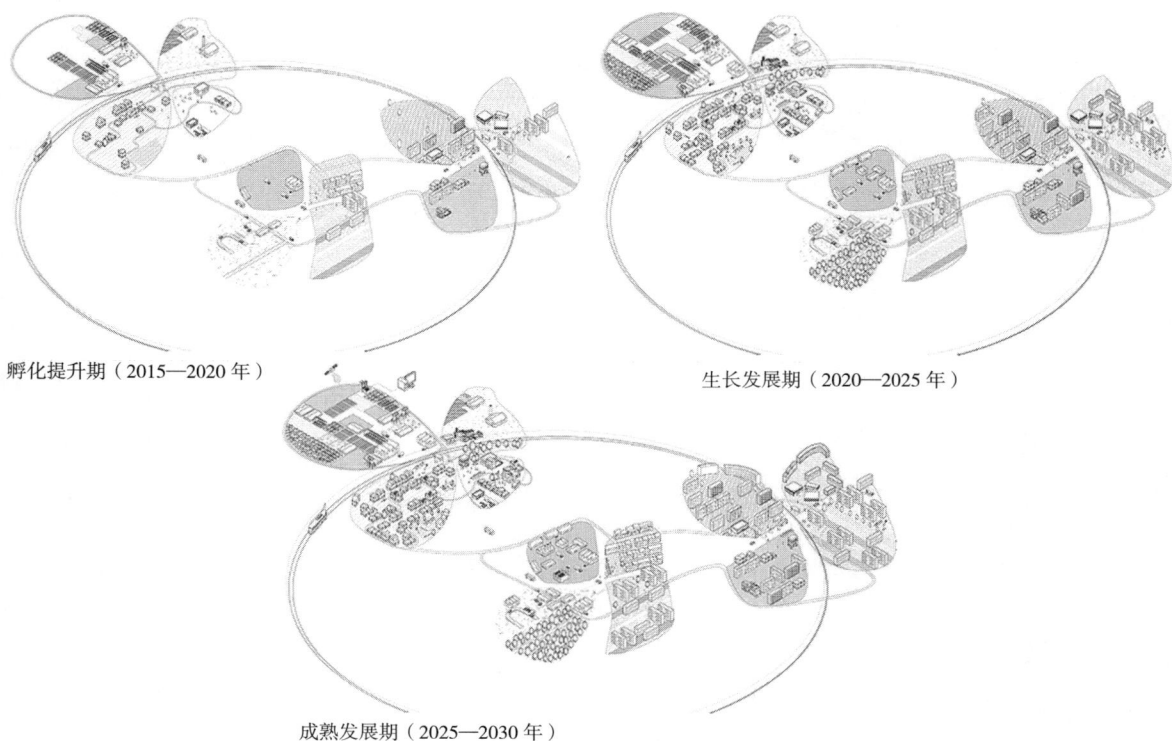

孵化提升期（2015—2020 年）

生长发展期（2020—2025 年）

成熟发展期（2025—2030 年）

图 9-6　智慧城市生长式的渐进发展

启动实施一批智慧经济相关项目的建设，找到新的经济增长点，达到传统产业转型、增加值提升要求。

● 生长发展期（2020—2025 年）：

结合高铁、机场等区域建设智慧交通项目，形成商贸物流集群，实现内涵式发展；同时建设环境优美、生态绿色的城市环境，发掘老城区历史文化价值，为打造具有高品质生活的智慧城市打下坚实基础。

● 成熟发展期（2025—2030 年）：

完成智慧城市相关的全部建设工作；城市综合经济实力大幅提升，生态环境优美，区域和市内的交通可达性提升，生活品质大幅改善，城市公共服务设施齐全，全面实现智慧城市建设目标。

如第 1 篇中 1.5 智慧城市的范畴所说，智慧城市包括智慧产业、智慧出行、智慧环境、智慧生活、智慧市民、和智慧管理 / 政务这六个范畴。在扎兰屯规划中，针对智慧城市目标，提出了以下六大规划策略：

● 智慧产业

在"智慧产业"方面，对城市的空间与资源进行整合，以增加生产要素之间的关联度，并且通过共享资源来降低成本，提高生产效率，增加技术性因素及创造性劳动在产品中的地位。例如以城市现有价值点为基础，进行培育，使之成为孵化器，进而提升整体价值；以产业园区、物流园区、市场贸易区以及内外交通设施的整合为契机，形成紧凑、高效的产业集群，集群间形成内在联系并由此激发整体系统的活力（图 9-7）。

例如，扎兰屯需要向世界展示其独特的历史，地方性的生活方式（包括地方知识与体验），由此可以结合绿色产品的品牌价值，高附加值和高技术含量的有机食品，真正通过智慧城市规划将历史环境和自然生态的尊重结合，由此焕发出内生的价值。

● 智慧出行

强调公共交通与交通资源的共享。区域的交通联系（机场、火车站、高铁、公路等）需要持续加强和升级；扎兰屯本地的交通规划策略为：增加设计自行车道、强化道路

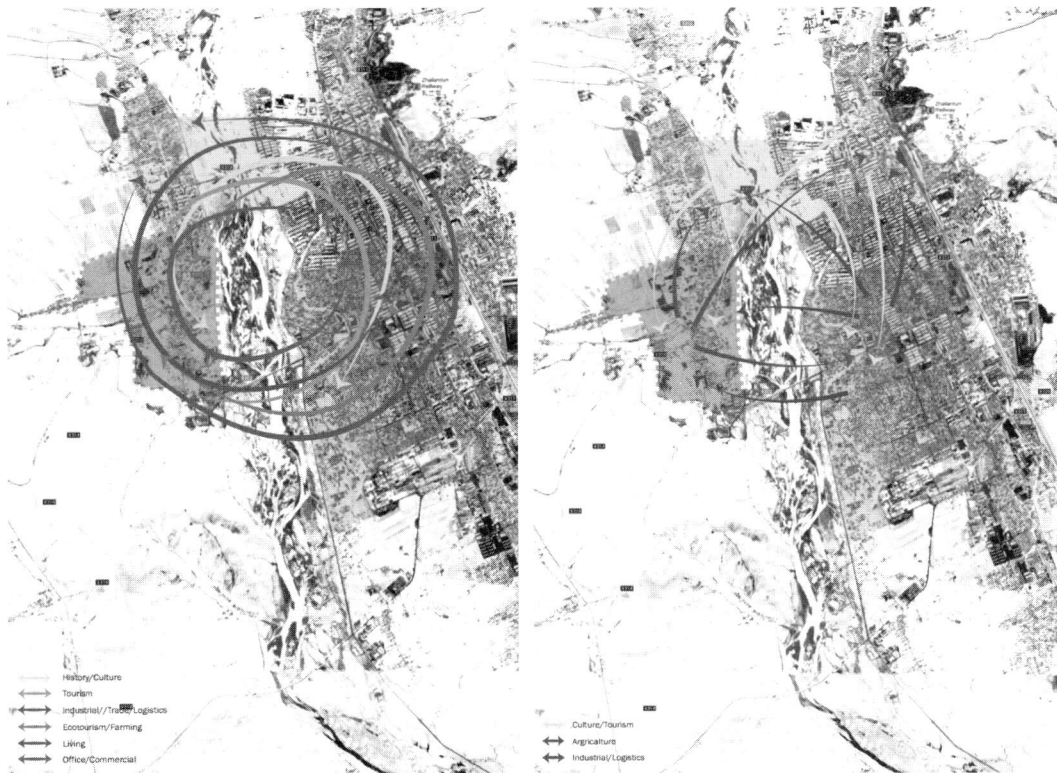

图 9-7　智慧产业：扎兰屯各示范区之间相互供给工业、农业与文化产品，形成城市各区间的内在联系与活力

分等、分级；规划中应强化有轨电车选线、运力及特色、设计及品牌；增加新能源汽车比例；保持人性化交通设计，人行路面铺装，人车分流、系统分明的慢行交通系统，最大限度地保证安全与宜人。

● 智慧环境

雅鲁河的滨水岸线是该城市的重要价值地带，也是塑造城市个性的重要元素。故需对雅鲁河两岸的工程设施、土地利用、公共空间、设施布局及交通可达性进行重点考虑，使之既满足防洪要求，同时提供休闲、居住、娱乐等各种机会。主河道之外，老城内部还有一条人工河道纵贯南北，将雅鲁河与吊桥公园串联起来。其两岸是不可多得之公共游憩空间，能给城市带来额外价值，未来是城市再生的重要依托。同时，链接现有的设施资源，促进物质与能源的流动与循环利用，保障城市的绿色与可持续发展（图9-8）。

● 智慧生活

扎兰屯的智慧城市生活结合自然与人文环境，更强调北国特色的城市节奏与智慧康养，智慧的信息化设施建设与特色生活方式结合，合理城乡统筹，整体规划城乡社区内部功能结构，分阶段实施智慧社区建设（图9-9）。源于城市环境特色的智慧生活顶层设计可以有效提升城市综合服务功能，提升现代服务业层次，依托自然人文资

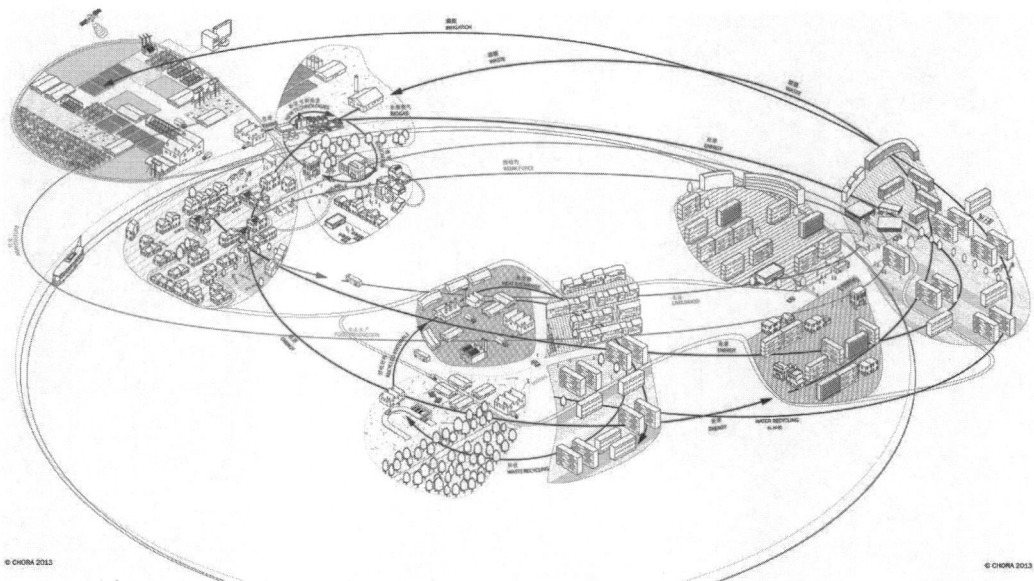

图9-8 智慧环境：促进物质与能源的流动与循环利用

图9-9　生长型智慧城市结合城乡统筹进行整体花朵之城规划

源，提升城市文化内涵，服务本地居民的同时结合旅游产业吸引游客感受特色的智慧生活。

● 智慧居民

按照智慧居民实施导则，利用图书馆、网络教育设备等硬件设施投入建设，提升居民终身学习的可能性，提高受居民受教育程度。结合扎兰屯特定的社会和多元民族特点，推动思想开放、包容性与亲和力强的公共生活的参与，强化创新精神和创业意识，打造新时代的智慧居民、建立居民信息管理系统，有针对性地强化居民的智慧管理。

● 智慧管理

针对扎兰屯城市特点，智慧管理利用 ICT 技术结合特定发展目标形成多系统高效统筹（图9-10）。其中包括推进社会保障卡、金融 IC 卡、市民服务卡、居民健康卡、交通卡等公共服务卡的应用集成和跨市一卡通用；围绕促进教育公平、提高教育质量和满足市民终身学习需求，建设完善教育信息化基础设施，构建利用信息化手段扩大

住房
HOUSING

农业部门
AGRICULTURAL SECTOR

绿色科技
GREEN TECHNOLOGIES

有机农业
ORGANIC FARMING

农业观光园
AGRICULTURAL PARK

社区的公共空间和建筑
PUBLIC SPACE AND BUILDINGS FOR THE COMMUNITY

学校
SCHOOL

餐馆和咖啡馆
RESTAURANTS AND CAFES

零售
RETALI

图书馆
LIBRARY

社区中心
COMMUNITY CENTRE

绿色空间
GREEN SPACES

©CHORA 2013

可再生能源
RENEWABLE ENERGY

绿色产业
GREEN INDUSTRIES

合作产业
COGENERATION

垃圾发电厂
WASTE TO ENERGY–POWER PLANT

生物能源
BIOMASS

智慧能源网
SMART ENERGY NETWORK

回收
RECYCLING

污水回收
GREY WATER RECYCLING

房屋修缮
HOME IMPROVEMENTS

水过滤
WATER FILTRATION

清洁运输
CLEAN TRANSPORT

自行车共享
BIKE SHARING

电车网络
TRAM NETWORK

自行车道
CYCLING PATHS

综合交通网
INTEGRATED TRANSPORT NETWORKS

©CHORA 2013

图 9-10   智慧管理：结合城市特定目标的多系统统筹管理

优质教育资源覆盖面的有效机制，推进优质教育资源共享与服务；建立公共就业信息服务平台，加快推进就业信息全国联网。

可考虑进一步完善文化信息资源共享工程，结合扎兰屯特色产业，鼓励发展基于移动互联网的旅游服务系统和旅游管理信息平台。同时推动数字图书馆、数字博物馆、数字科技馆、数字出版社等建设，健全文化信息共享管理运作机制，促进信息技术在保护民族文化、打造精品文化、传播优秀文化等方面的广泛应用，为"文化强市"提供有力支撑。

延伸思考：

智慧城市不能千城一面，如何结合城市资源与环境进行智慧城市的个性化发展？

第 3 篇主要参考文献

[1] 张恩嘉，龙瀛 . 空间干预、场所营造与数字创新：颠覆性技术作用下的设计转变 [J]. 规划师，2020, 21(36): 5–13.

[2] 房毓菲，单志广 . 智慧城市顶层设计方法研究及启示 [J]. 电子政务，2017(2): 75–85.

[3] 方牧，陈志彬，王立华 . 区县级智慧城市建设面临挑战及应对策略探讨 [J]. 通信与信息技术，2021(3): 67–69.

[4] 钱前，甄峰，蔡玲，等 . 江苏省智慧城市（试点）建设验收标准编制模式与思路研究 [J]. 规划师，2019, 4(35): 40–44.

[5] 崔庆宏，黄蓉，王广斌 . 新型智慧城市运营能力及其影响因素研究——以山东省为例 [J]. 城市问题，2021(1): 10–18.

[6] 郁建生，林珂，黄志华，等 . 智慧城市——顶层设计与实践 [M]. 北京：人民邮电出版社，2019.

[7] 龙瀛，张雨洋，张恩嘉，等 . 中国智慧城市发展现状及未来发展趋势研究 [J]. 当代建筑，2020(12): 18–22.

[8] 周静，梁正虹，包书鸣，等 . 阿姆斯特丹"自下而上"智慧城市建设经验及启示 [J]. 上海城市规划，2020(5): 111–116.

[9] 戴海雁，张宏 . 智慧伦敦路线图 [J]. 国际城市规划，2021, 36(3): 147–152.

[10] 邢文杰，王倩 . 智慧城市发展的杭州模式 [J]. 浙江经济，2021(1): 53.

[11] 丁国胜，宋彦 . "智慧规划"——智慧城市视野下城乡规划展开研究的概念框架与关键领域探讨 [J]. 城市发展研究，2013, 20(8): 34–39.

延伸阅读网络资料库：

第 3 篇：智慧城市实践——二维码网络数据资料库

图书在版编目（CIP）数据

智慧城市概论 = Introduction To Smart City / 夏
海山，徐然著 . -- 北京：中国建筑工业出版社，2022.7（2025.6 重印）
住房和城乡建设部"十四五"规划教材 高等学校智
慧建筑与建造专业系列教材
ISBN 978-7-112-27663-9

Ⅰ . ①智… Ⅱ . ①夏… ②徐… Ⅲ . ①智慧城市—高
等学校—教材 Ⅳ. ① TU984

中国版本图书馆 CIP 数据核字（2022）第 133069 号

责任编辑：王 惠 陈 桦
责任校对：张 颖

为了更好地支持相应课程的教学，我们向采用本书作为教材的教师提供课件和相关资源，
有需要者可与出版社联系。
建工书院：http://edu.cabplink.com
邮箱：jckj@cabp.com.cn 电话：(010)58337285

住房和城乡建设部"十四五"规划教材
高等学校智慧建筑与建造专业系列教材
智慧城市概论
Introduction To Smart City

夏海山 徐 然 著
＊
中国建筑工业出版社出版、发行（北京海淀三里河路 9 号）
各地新华书店、建筑书店经销
北京海视强森文化传媒有限公司制版
建工社（河北）印刷有限公司印刷
＊
开本：787 毫米 ×1092 毫米 1/16 印张：9¾ 字数：182 千字
2023 年 5 月第一版 2025 年 6 月第三次印刷
定价：**39.00** 元（赠教师课件）
ISBN 978-7-112-27663-9
（39676）